Make Your Mark:
The Creative's Guide to Building a Business with Impact

影響身邊的每一個人

激發熱情、放手實驗、強化團隊

—

約瑟琳・葛雷　編
Jocelyn K. Glei

張簡守展　譯

獻給付諸行動的人

關於 99U

—

創意界長久以來過於重視如何發想新點子，卻忽略如何把點子付諸實行。正如大發明家愛迪生的名言：「天才是百分之一的靈感，百分之九十九的努力。」為了實現偉大點子，我們必須每天不斷行動、實驗、失敗、調整、學習。

彼罕思網路平台（Behance）為了讓好點子成真，提供這套「遺漏的課程」。99U正是這項努力的成果。99U透過榮獲網路奧斯卡威比獎（Webby Award）的網站、廣受歡迎的活動與暢銷書籍，分享來自頂尖專家與具有遠見的創意人實用又有行動導向的嶄新觀點。

在99U，我們不是要給你更多點子，而是要讓你手上的好點子成功實現！

前言

—

Dropbox、智慧居家大廠Nest、叫車服務優步（Uber）與旅遊民宿網站Airbnb之間有什麼共通點？這些企業都是以兩、三人的新創公司起家，並在七年或更短的時間內搖身一變，從微不足道的點子轉變成極具規模的事業，還擁有令人稱羨的幾十億市值。若能退一步仔細觀察這些企業一飛沖天的成長曲線，很明顯可以發現商業規則已然改變。許多大公司過去幾十年奉爲圭臬的教條，如今已經黯然失色，充其量只是格格不入的經營法則。

現今的世界瞬息萬變，電子商務與社群網路大行其道，要打造蓬勃的成功企業，勢必得先釐清新的遊戲規則，從中掌握當今最新創意企業的價值和策略。確立《影響身邊的每一個人》一書的宗旨之後，我們直接找上創意領導的源頭，請教二十一位傑出專家和企業家，從訪談中深入探尋現今創業的嶄新與差異之處。

先賣個關子：眼鏡商Warby Parker共同創辦人尼爾·布

魯門薩爾（Neil Blumenthal）將解釋為什麼顧客察覺爛點子的能力如此爐火純青（這對建立品牌又有什麼啟示）；Google X的賽巴斯汀·索恩（Sebastian Thrun）將討論反覆調整與快速汲取失敗教訓的重要性；社群媒體管理公司Buffer創辦人喬伊·加思科因（Joel Gascoigne）將會分享高度透明化帶來的意外收穫；而Facebook的卓裘莉（Julie Zhuo）則將示範極致簡約、流暢的產品設計概念，讓使用者幾乎察覺不到設計的痕跡。

本書逐漸成形之後，我注意到特定幾個主題不斷反覆出現，匯聚成這群年輕創意企業家的核心價值，而令人耳目一新的是，這些價值無關金錢或獲利（即便前述範例動輒價值好幾十億），反而與創造影響力密切相關。我發現他們對於創業懷有一股嶄新的熱情，渴望創造絕妙的產品體驗，全神貫注於付出和服務（顧客與團隊），並且全心投入，建立能讓世界更美好的事業。

無論你打算創設新公司，還是考慮重整既有的事業，我都希望這本書可以提供你新的思維、務實的建議，以及踏出第一步的勇氣，進而成就真正有影響力的志業。

——99U 總編輯約瑟琳·葛雷（Jocelyn K. Glei）

TABLE
OF
CONTENTS
–

CHAPTER ONE　定義目標

CHAPTER FOUR　領導團隊

結語　付諸行動

在你最重視的事情上發揮影響力！

—

彼罕思網路平臺創辦人與《想到就能做到》作者
史考特・貝爾斯基（Scott Belsky）

創意有很多定義。

對我來說，創意是指用新方法解決問題，以及找出觀看世界的嶄新角度。創意可透過許多形式來表達，例如藝術、科學和思想。但很多時候，創意卻是無可捉摸，難以理解。

如果缺少感染和發掘，藝術無法感動人。這還算真實存在的藝術嗎？沒有條理清晰的解釋和提倡，科學無法獲得眾人的理解。這樣能產生任何影響嗎？

若非記載下來並與他人分享，思想就無法改變任何事情。這樣能得到重視嗎？

　　如果不記下來並確切執行，你的點子不會影響任何人。這樣會有人在意嗎？

　　創意必須要能實際取用，這是你得面對的課題。

　　執行、通路、包裝、行銷、策略、領導、訊息表達……這些都是企業的必備元素。沒有優良的管理和領導，創意就像煙火一樣，綻放後就像落塵般隨風飄逝。創意的潛能（以及利用創意養活自己與服務他人的能力）是指實際的事業，而非只有點子。

　　本書的重點，在於將創意運用於企業實務面。非關賺錢致富，而是產生影響力。

　　我們重視的是經營通路、精心包裝及貢獻才華，讓他人可以實際取用。

　　我們也希望才華能進一步擴大，使更多人從中獲益。創意是邁向成功的動力。

　　有別於傳統的成功標準（像是金錢、頭銜或地位），創意源源不絕的動力來自於亟欲見證創意實現的渴望。在你最重視的事情上發揮影響力，才是真正的成功。

要能利用創意發揮影響力，必須真心熱愛自己的工作，否則就別輕易嘗試。這需要長期承受艱辛、自我懷疑和痛苦，才能發想出新的點子，終而具體實現。這需要忍受煎熬，真心相信自己所做的事值得歷經千辛萬苦去追尋。你必須以愛之名，持續不斷地辛苦付出。

　　為了能在成就一番事業之前長久堅持下去，你的付出必須永續不止。你必須設法利用你的藝術（或科學、點子）維持生活，如此才能養活自己，並為工作提供繼續下去的籌碼。

　　在這本專為創意領導者所編輯的「遺漏的課程」中，我們從企業的角度深入探討創意。從定義你的目標和希望解決的問題，乃至於創立能為大眾提供服務的產品，你該如何找到自己的定位，在你最重視的事情上發揮影響力。

　　在接下來的內容中，我們嘗試從企業經營的角度，提供運用創意所需的所有概念。如果不能效法企業家管理點子，這些點子終究只會無疾而終。全心投入，主導一切吧！

—

CHAPTER ONE

定義
目標

—

如何發現你的人生使命，
並定義你的執行模式。

想創立了不起的企業，首先必須了解一個道理：不能只想到自己。或者應該說，你不是「唯一」的考量。相反地，重點應該是在你的特有才能和專業以及世界的需求之間找到完美對應。

這說明了為什麼最頂尖的企業通常不是以追求獲利為目標，甚至不是產品導向，而是全力成就目標。他們致力解決真正的問題、滿足迫切的需求，從各方面改變世界。他們全心學習、反覆實行、不斷調整，設法以更適合的方式執行任務。他們專注於創造價值，讓其他人追隨與效法。

因此，本書一開始就要深入討論（全面涵蓋見解、點子和問題），了解如何發掘目標，並窮盡企業的所有心力徹底奉行。我們捨棄快速創業致富的簡單言論，探討如何創立對你及顧客深具意義的企業。

畢竟到頭來，真正的目標終究不是建立自我或促成下一次大規模IPO，而是創造一番舉足輕重的事業。

找到你的目標，
全力實踐

—

山下凱斯（Keith Yamashita）

　　有些人渾身散發不容忽視的存在感，即使是首次見面，不出多久時間，他們絕對能吸引你的注意。我在一場會議中認識比爾‧湯瑪斯（Bill Thomas）時，他就是這種令我印象深刻的人。這位四十幾歲的哈佛醫生穿著休閒，牛仔褲配勃肯鞋，走上講臺便熱情地（簡直是演員般的口才）談論起老化主題。

　　他提出一項遠大而極具野心的計畫，侃侃而談美國可以如何改變一個人變老的生命歷程、身心健康代表的意義，以及照料七、八十乃至於九十歲老人的方法。他大力疾

呼，醫療體系、老年照護制度和安養系統必須與時俱進，「老化應該是一段持續成長和修復的時期，而不是衰弱的過程。」在他的論述中，每一點都清晰有條理，他的活力不僅鼓舞人心，更激發他人付諸實行的動力。

演講結束後，我在跟他聊天時問道：「比爾，你會怎麼描述你的人生目標？」他以自然而輕鬆的態度回答：「重建美國社會對老年人的尊重。」簡短一句話，概括了他一輩子的人生志業。比爾提醒我，要想實踐人生目標，首要任務在於去蕪存菁。這個步驟可奠定準確的努力方向。這能形塑你的選擇、告訴你需要正視的重點，有助於分辨哪些只是單純有趣，哪些又是真正重要的事。

如何找到公司的目標

所以，你要如何像比爾那樣令人佩服，找出你的人生目標？你要如何找到自己、群體或整個公司的專屬北極星——即使前進的方向有時難免偏離正軌，但永遠都能回到正確的道路？

多年來，我持續與Apple、IBM、Nike、Facebook等許多公司的領導者合作，共同描繪企業的未來發展方向。當我們開始想像（或重新設想）公司目標，通常會先試圖釐清幾個重要事實，從中找出交集：

- 世界渴望擁有什麼？追求什麼？有什麼需求，又因為缺少什麼而飽受不便之苦？
- 企業有什麼獨特優勢？
- 公司長久以來扮演什麼角色？
- 公司必須為了追求何種定位而無所畏懼？

這四項要素的核心就是公司的目標。

為了發掘核心價值，我們鼓勵利用辯論、敘述故事、自我檢視及研讀歷史資料等方法，深入思考未來方向。我們幫助這些公司的領導者找出他們真正重視的事情。

這種自省和不斷釐清的工作一點也不容易，但只要確實執行，幾乎總是有所回報。一旦確實定義，目標就能與公司的所有作為相互呼應。每天的例行營運和動機將因此更具意義和意識，產生深遠的影響。

如何找到人生目標

這個方法的有趣之處，在於除了能幫公司找到經營方向之外，對於個人的生涯規畫也很有效。定義人生目標之前，先問問自己以下問題：

- 如何讓世界因你而變得更美好？

- 你有什麼獨特天賦和長處？
- 你最擅長扮演哪種角色？
- 即使不計代價，你也希望成為哪一種人？

　　這四個問題的交集就是你的人生目標。

　　這些問題表面上看似簡單，或許你會因此而低估，試圖在短時間內找出答案，但事實上並不容易回答。為了觸及問題的核心（同時也深入挖掘你自己），你必須先剝除自我認知的糖衣。務必拋開那個你一向強力捍衛的形象，你必須發掘真正的自己。即便答案有所衝突，其中的相似之處也能透露出同等重要的訊息，務必仔細體會。這個過程或許需要幾天的時間，這些問題也可能占據你的思緒好幾個星期，有些人甚至需要好幾年才能找到答案。沒有完美的時間表，以你自己的步調從容探索最重要。

　　不管你是企業組織的負責人，面臨定位組織目標的艱難任務，或是下定決心，準備朝個人目標邁進，都需要坦承地面對相同的過程。

—〰—

　　回到比爾・湯瑪斯的故事。談話結束後，他對我說：「凱斯，你覺得你的人生目標是什麼？」我想了一下，告訴

他：「我和需要深層轉型的公司合作，幫助他們度過漫長的塑型時期。執行長在面臨改變的時候，我協助他們有效地調度人力。整個過程中，我教他們從新的視角看待事情，和他們共同面對各種挑戰……」我滔滔不絕地回答，但比爾很客氣地打斷我。「凱斯，太多了！聽起來你似乎不太清楚你的人生目標。」

這簡直有如當頭棒喝，他的反應促使我深切反省。

我自認相當了解自己，自我觀察極為透徹（誰不這麼認為？），而且非常清楚自己來到這世上所背負的使命。

但比爾的話一針見血，極具分量。只有將人生目標簡潔扼要地化為文字，自我省思的結果才有可能付諸實行。

離開會議現場後，我花了幾個星期在自我認知中釐清人生目標。「幫助他人找到渴望，使他們成為更好的人。」然後，在巧合的機緣下（或許這世界上沒有真正的巧合），99U邀請我寫這篇文章。

化目標為行動

將個人專屬的人生目標濃縮為文字後，接下來該怎麼做？要如何付諸行動，加以實踐？

我喜歡理查・萊德（Richard Leider）的建議，他是探討人生目標的全球權威之一。根據他的定義，人生目標是指在對的地方、與最重要的人一同實現人生抱負。引用理查的

話來說，人在一生中需要盡心盡力的地方，是「打包」及「重新打包」人生行囊，必須拋棄不重要的想法、思維、義務，以及情感的舊有包袱，只把一生中真正需要做到最好的事情裝進人生行囊中。

看到推崇的人和企業努力朝各自的目標邁進，我時常打從心底感到敬佩：

凱西‧希漢（Casey Sheahan）在戶外服飾領導品牌Patagonia擔任了十年執行長。這段期間，他不僅負責監控企業的財務狀況，也要評估企業對全球產生的正面影響。他的個人目標是要幫助人們培養存在意識，亦即協助他們在工作和玩樂中掌握個人意志，設身處地為他人著想。同時，Patagonia的目標在於「生產最棒的產品，不造成任何不必要的傷害，並運用企業的力量激發靈感，尋求環境危機的解決之道並加以落實」。在企業和個人目標一致的情況下，凱西建立的公司文化始終能將創業理念體現在Patagonia上，創造不一樣的企業熱情。

問問自己：個人目標如何與企業組織的目標一致，創造足以造福世界的條件？

孕育「搖籃到搖籃」（cradle to cradle）設計概念的比

爾‧麥克唐納（Bill McDonough）憑藉著無比熱情，親身實踐創造永續地球的個人目標。他在全球各地奔波穿梭。他可能在中國停留一天，協助建造永續城市，隔天便馬不停蹄地向年輕建築師演講，分享如何重新思考能源效率。他可能一天與福特汽車的執行長開會，探討不同類型的交通運輸方式，隔天便著手研究建材的化學成分，期待能建造有益於地球環境的建築物。

問問自己：你能以更全面的方式實踐個人目標嗎？

身兼藝術家、建築師和社運人士等多重身分的林瓔（Maya Lin），不僅將目標落實在實際作為中，更透過「有所不為」進一步實現目標。她只將時間投注在能夠促進個人成長和貢獻的專案和事業上，其餘事務一概婉拒。唯有清楚人生目標的人，才能如此自我約束和嚴守紀律。

問問自己：從你的人生目標中，你體悟到應該停止哪些行為？

在矽谷的新創圈中，發展與應變的速度往往可決定企業的命運。但對戴夫‧莫林（Dave Morin）來說，智慧比迅速的行動更重要。他曾是Facebook草創初期極具影響力的員

工之一，如今是行動社群網路Path的創辦人。爲了協助公司履行當初設立的目標，建立有助於拉近人際關係的技術，他選擇採取「慢產品行動」，訴求隨時保持清楚的研發意識，不一味追求產品的開發速度，改以品質爲重。

問問自己：你的目標暗示你必須在哪些方面更有耐心？

目標催生影響力，影響力鞏固目標

目標可督促你採取實際行動，聚焦於真正重要的事情。

我曾問比爾．湯瑪斯，他爲何能在過去幾年中率領企業做出這麼多重大進展。他回答說：「我把重心擺在最能呼應目標的談話、會議和人際關係上，捨棄其他不重要的活動。坦白說，人生太短，實在不值得浪費時間追求對你或世界不重要的事情。」

最有趣的地方在於，你在世界上的影響力也能證實你的目標是否值得。影響力可成爲目標的證據。影響力可推動目標的實現，促使你每天更無所畏懼地實踐目標。

這是一般人爲何能登峰造極的祕密。我們傾聽內心渴求的目標，在目標的激勵下達到不凡的成就，而這又進一步激發我們的渴望，爲了能實踐目標而加倍努力。我們各自以微不足道的方式，成就一番偉大的事業。

你會跨出下一步嗎？你願意投入時間追尋個人目標嗎？你會召集同仁，共同定義企業組織的目標嗎？願意這麼做的同時，等於向不平凡的未來邁開了步伐。

山下凱斯

顧問與產品開發引擎SY的創辦人與董事，創立宗旨在於協助企業、團隊和個人實現不凡成就。他合作的對象包括Apple、eBay、IBM、GE、Nike和Starbucks等知名企業的執行長和領導團隊。此外，他也演講和寫作，探討領導力、設計與轉型等主題。

→ www.sypartners.com

找到真正的你，

用力地活出自己。

—— 美國歌手　桃莉・芭頓（DOLLY PARTON）

變成組織精簡的傑出學習機器

—

亞倫‧迪格南（Aaron Dignan）

事業剛起步時，你做的各種決策（無論是有意識或無意識的決定）都會影響到久遠的將來。萬一不夠謹慎，這些決定反而可能變成限制發展的絆腳石。想想現今最受信賴的重要機構就能略知一二，企業組織、醫療保健機構、政府、慈善事業無不面臨新的競爭和快速變遷，而設法維持與產業的關係，持續提供實用的服務，彷彿永遠有取之不盡的活力面對日新月異的環境。

過去七年來，我率領團隊研究這個世代成長最快速、影響力最顯著的組織與機構。我們發現，這些公司都採取了新的工作方式，一種嶄新的組織作業系統（OS）。我們姑且稱之為「即時回應系統」，這種系統可協助公司更快因應競爭、文化、技術及其他任何形式的干擾。

　　回應機制良好的組織或許一開始的規模甚小（像是Warby Parker或創意品牌Quirky），但每個都具備迅速擴張的潛力（例如Airbnb、Tesla、Uber、Dropbox、Evernote、Square與Jawbone），最後躍升為市場上的領導廠商（亞馬遜、Google、Twitter、Facebook和PayPal都是很好的範例）。

　　這些公司與眾不同之處，在於其內部組織極其精簡，且具備出色的學習能力。他們都是名符其實的行動派，能夠承受高風險，並在不斷實驗和持續修正產品的過程中成長。他們把產品和服務兜在一起，測試後加以改進，相形之下，昔日的競爭對手往往只會在PowerPoint中編輯專案計畫，紙上談兵。他們追求公司文化與頂尖人才，強調員工必須要能想像、建造及測試腦中的點子。他們對衝突特別敏感，尤其在例行的營運作業與使用者體驗上更是如此。他們具有開放的特質，內部聯結緊密，與使用者社群和合作夥伴共存共榮。他們坦然面對未知，商業模式和客戶價值與時俱進，隨著時間越來越清晰。最重要的是，利益不是驅動這些公司的主要目標。他們各自擁有明確的願景，明白如何有意識地透

過微小（或大規模）的方式改變世界。

　　只要回想這些公司進入市場並奪下龍頭地位的速度，就能清楚了解一點：每個地方的組織機構都必須升級營運的作業系統，否則難保不會面臨滅絕的命運。無論你是懷抱著打造下一個明星品牌夢想的自由工作者，或是上市公司的執行長，都必須要有這點認知。

即時回應機制的核心價值

　　不妨將作業系統想成組織中所有價值、程序和工作方法的總和。如果商業計畫是組織的「內容」，作業系統就是「理由」和「執行辦法」。換句話說，這是組織的DNA。清楚自身定位的公司（亦即擁有強大的作業系統）比較容易使品牌自成一格，創造新的商業脈絡。我們可以理解Apple投入汽車生產，或是Google跨足醫療保健產業，原因就在這裡，因為這些企業都擁有自成體系的「工作模式」，足以定義他們進軍新領域的樣貌。

　　我們的研究顯示，所有具備即時回應能力的組織都擁有許多共通價值，即將定義新世代的商業活動。反觀還停留在舊時代的競爭對手則仍奉行一套相反價值，其永續經營及發展的能力勢必受到限制。以下我們將這些南轅北轍的企業經營法則並列比較，你可以藉機檢討這些價值如何體現於貴企業的營運之中，而在未來的決策過程中，你又能如何運用

即時回應的相關價值。

願景至上 vs. 商業考量

舊思維的企業傾向於追求商業成效，亦即成為市場上的龍頭或達成利潤目標。在他們眼中，成功等於商業績效。但對具備即時回應機制的公司來說，願景和影響力才是最重要的考量。「在宇宙中留下足跡」勝過任何可能達到的成就。這類公司所做的一切（包括財務上的成功），都是為了實現這個目標。

—

祕訣：挑選一個高瞻遠矚的願景，設定的達成期限不是幾年，而是好幾十年，然後全力達成這個目標。務必確定即使決策再艱難，也要以目標為導向，尤其當決策可能帶來損失時更應堅持下去。

精簡人事 vs. 龐大規模

上個世代的商業活動中，有一部分是由追求成長的強烈欲望所驅動。軟體時代降臨之前，企業需要許多人力拓展商業規模，因此成長主要體現於地理和市場版圖的擴張。在著重規模擴展效率和進入障礙的時代，大量人力與龐大的研發團隊都是珍貴的資產。然而，維持這種規模需要成本，換句話說必須犧牲速度、彈性和簡潔的行事風格。新趨勢強調營運方面保持精簡，從團隊編制到專案預算都盡量遵守此一

原則。

—

祕訣：堅持精簡的商業作風，隨著企業規模逐漸擴大，這能讓企業保有誠實特質。善用各種策略，例如「兩個披薩」原則、反覆式短程研發週期、每週一次的站立會議，以及經過使用者驗證再釋出資金。

開放 vs. 封閉

過去幾十年來，舊機構的核心價值是與外界區隔，像是緊閉的門戶、辦公室、供應鏈、部門，以及保密的創新過程都是最佳證明。數位時代的主要轉變之一，就是「無所不在的聯結」，這種聯結存在於個別企業之間，以及商業活動中產生的所有資訊。這會形成更複雜的體系，其中充斥著無數相互重疊的組成單位，而真正的價值通常會在意外的相遇和合作中迸發。資訊依然是力量，但當資訊不受界線所圍限而能共享時，這股力量會變得更為強大。在崇尚即時回應的作業系統中，價值往往與透明化、連結和社群畫上等號，這能促成開放式創新、緊密交織的企業文化，以及更驚人的集體智慧。

—

祕訣：推廣透明溝通的企業文化。運用新的工具實現這個目標，即使團隊成員遠距工作也不受到阻礙。遇到不確定該如何處置的問題時，不管是計畫、產品或資料等方面，

寧可選擇開放的做法。

學習新知 vs. 固守成果

　　一旦成功之後，幾乎必定會面臨失去某些東西的窘境，而一般企業的自然反應是設法保護得來不易的成就。舊時代的大企業通常都有這種傾向。他們擁有太多可能失去的東西，因此自然而然會想辦法規避風險。反倒是新創公司和規模較小的競爭對手沒有什麼好損失，所以願意放膽創新、承受風險，甚至不怕失敗也要追求業界最佳解決方案。可喜的是，每年都有許多這類案例成功熬出頭，不斷改造、進化我們生活的世界。無論你領導的公司規模多大，採取即時回應的作業系統，即代表每個活動都是學習和調整工作流程的機會。永遠不要滿足於以往可行的方法而停止學習，才是成功的意義。

—

　　祕訣：可以的話，盡量採取靈活的原則和程序。確實定義「能安然度過的風險」，並確定所有員工都能辨識這些狀況。擁有某種程度的成就之後，不妨改採雙軌策略，一方面改良既有的產品，一方面放膽追尋新的商機。

自然興起 vs. 主動控制

　　舊型態的組織通常崇尚嚴密掌控產業的企業文化。由於規模龐大，繁文縟節和組織階層已成為理所當然的現象。

這類組織習慣主動出擊，依其宗旨塑造世界（以及顧客）的樣貌。他們不會任由事情自然發生，而是刻意造就某些現象。相較之下，回應型公司更能與不確定感和平共處。這種特質體現在許多地方。首先，他們任由組織結構自然改變及調整，藉此反映眼前工作的本質。每個人扮演的角色都是流動的，同一個人可身兼不同身分。此外，他們與使用者攜手合作，讓產品與平臺各自找到真正的定位。一旦消費者開始使用（或誤用）產品，反饋循環（feedback loop）便保持開啟。例如，當初Twitter從未料到，新聞媒體的生態會因為Twitter的出現而重新定義。換句話說，Twitter保留了某種程度的自由，讓這樣的新未來自然成形。採取即時回應機制的公司通常仰賴直覺隨處探勘，但不預設可能會有哪些發現。他們擁抱各種可能，以開放的態度迎接隨之而來的所有優勢。

祕訣：任由組織結構發展成最理想的狀態，並允許公司隨時間自由調整結構和程序。仰賴直覺啟動新的專案，放手讓客戶意見和使用者行為塑造產品和服務的樣貌，使其得以與時俱進。

規模與成功容易使組織陷入舊行為模式的窠臼，這是一種自然進展，所有人都可能無法倖免於難。從不斷成長茁壯的過程中，回應型組織所展現最重要的寓意或許是：我們

必須定期「升級」既有的方法和行為，具體來說就是扭轉壓力來源、適應新技術，以及不斷自我督促，將思維更新成新的版本。

亞倫‧迪格南

數位策略公司「隱流」（Undercurrent）的執行長，為美國奇異（GE）公司、美國運通、百事集團（PepsiCo）、比爾與美琳達蓋茲基金會（Bill & Melinda Gates Foundation）、福特汽車公司，以及紐約古柏惠特（Cooper-Hewitt）博物館提供建議，協助企業組織因應瞬息萬變的全球趨勢。

→ www.undercurrent.com

無論如何，
敞開心胸擁抱意料之
外的驚喜。

可以的話，
成為別人眼中
出乎意料的驚奇。

—— 美國漫畫家　琳達・貝瑞（LYNDA BARRY）

Q&A:

實踐足以改變
世界的點子

—

與談人：提姆・歐萊禮（Tim O'Reilly）

　　如今我們熟知的網際網路革命大多必須歸功於提姆・歐萊禮。舉凡Web 2.0、開放原始碼，乃至於「自造者運動」（maker movement），歐萊禮都能為其賦予「道地的定位與名稱」，足以顯現他宣揚點子的絕佳才能。除了投資者和企業家兩種身分之外，他也創辦了歐萊禮媒體公司（O'Reilly Media），其出版的書籍和舉辦的活動在推廣程式語言與科技相關想法等方面，皆扮演了關鍵角色。我們特地專訪歐萊禮，請他分享如何將點子化為運

動，以及如何對改變世界這件事懷抱熱忱。

Q：你認為出色的商業點子從何而來？

A：創新源自於滿腹熱忱的人。為什麼？因為他們專心在真正重要的事情上，這些人真心希望改變世界的地方，相較於可能獲得資助的商業點子，高下立見。他們的思考角度會是：如果我們每個人都能擁有自己的電腦，那該有多棒？要是我能把資訊免費放到網路上，所有人都能自由取用，那該有多好？如果我能打造一個機器人幫助我的奶奶打理生活瑣事，那該有多方便？

Q：如果企業家真心希望發揮影響力，他們應該擁有哪種思維？

A：線上檔案分享公司Box的創辦人亞倫・李維（Aaron Levie）最近在Twitter上發布一則推文，明確指出Uber的價值所在。他說，「Uber這堂價值35億的課程，教導我們應該打造世界應有的面貌，而不是只讓眼前的世界變得更好。」

能以嶄新的視角觀看世界，是成為企業家的核心價值。你的心中要有一幅世界藍圖，告訴你世界應當具備的面貌，也要有一套完備的理論，足以解釋與引導你連點成線、構線為面。

我曾與一名相當有趣的非營利組織創辦人開會，那時她在推廣點子上遇到瓶頸，她的點子無法獲得共鳴，當下我認為問題癥結在於鎖定使用者（user focus）出了差錯。你必須清楚顧客是誰，換句話說，誰在乎你的點子？釐清真正在乎的群體，並深入了解他們在乎的原因，這些都是核心關鍵。

這可能只是一小群人，但你深知他們的需求，而這種需求或許連他們自己都尚未發現。

Q：假設你已找到這個群體，也發現人們尚未察覺的需求。你要怎麼說服他們，其實他們需要你的產品？

A：我相信故事的力量。我們生活的世界充滿各種故事，這是我們理解世界的地圖。有人擅長述說這類故事，而他們口中的故事通常是我所謂的「訴諸情感的聰明故事」。

最近我和一位女士共進早餐，她認為美國步槍協會

（NRA）是擅長操作情感面的聰明組織。我覺得她的觀點相當有趣。我不確定自己能否全盤同意，但她有一點說得沒錯，該組織的確已經針對特定群體找出他們容易買單的關鍵情感議題。

對我來說，要創作出訴諸情感的聰明故事，祕訣在於持之以恆地用心傾聽。你需要不斷說故事，同時暗中操作議題，如果奏效，就再增加一點強度……這麼說吧，這不一定難以達成，但也不是輕而易舉的事。

Q：多年來，你似乎成功運用了語言的力量，喚起人們對某些想法的共鳴，促使大眾採取支持行動。你找到關鍵的表達法，藉此幫助大家堅守理想，並在消化處理後轉變成自己的養分。

A：沒錯。「Web 2.0」或「開放原始碼」早已蔚成實際運動，但在出現一個名稱整合個別運動的力量之前，潛能還無法全力發揮。我發現這些名稱各自代表一個社群，而且有可能動員這股力量，只要幫助他們向全世界展現自我，就能產生全新的意義。

我長久以來努力的重點，在於協助這類名稱傳播真

相。這裡所謂的「真相」是指建造一個正確的世界，而且因為正確，人們會起而效尤。這種「正確」，一部分必須得力於人群，一部分則必須仰賴點子。

我的做法是觀察和提問，「有沒有什麼事情是人們還不了解的？要是他們能明白，對於未來的思考會不一樣，而且更具效益？」我仍持續觀察現實情況，試著描繪未來的藍圖。

Q：你在引導想法和催生行動上所採取的方法似乎沒有牽涉太多自我意識，也不在意個人從中得到多少認同。這是刻意的嗎？

A：我在意的是人們接收到正確想法，這是我一直以來的目標，我希望有些理念能在世上實現，但這些理念無關個人喜好。歐萊禮媒體公司內部奉行一句話：「創造比實際收益更大的價值。」

最近我在思考美國經濟未來的趨勢，中產階級走下坡是可預見的發展。這讓我想到之前與出版商之間的多次談話。他們問說：「我們要怎樣在經濟體系中保有一席之地？」我回答：「沒人在乎這點，這不是你們應該提出的問題。」正確的問題應該是：「這個世界需要什麼？我的顧客

需要什麼？我可以怎麼做？」

在上述的經濟例子中，我不希望聽到我們是否需要保留美國中產階級這類問題。這只是我們採取行動後，連帶需要考慮的旁枝末節而已。我們應該自問：「美國有哪些嚴重問題應該處理？」

所以，你必須釐清幾件事情：誰是你真正的目標？什麼是你真正想為這個世界完成的事情？你的其他所有作為都應該以此為方向。我所謂事情的正確順序，就是這個道理。

許多公司矯枉過正，甚至我在公司內也會犯同樣的錯。你或許會這麼認為：「既然我們需要X、Y、Z，所以我們採取A、B、C行動來達成。」但事實上，我們比較成功的專案，都不是依循這個原則照本宣科。唯有單純為了改變世界而充滿熱情時，我們才能全力以赴。

提姆・歐萊禮

歐萊禮媒體公司的創辦人暨執行長。他出版書籍、舉辦會議、投資剛成立的新創公司，並鼓勵公司創造比實際收益更大的價值。他推廣及強調創新者必須汲取豐富知識，試著以這個概念改變世界。

→ www.oreilly.com

一件事在完成之前，永遠看似不可能完成。

—— 南非前總統　尼爾森·曼德拉
（NELSON MANDELA）

解決真實存在
的問題

艾蜜莉‧海沃德（Emily Heyward）

理想世界中，只有顯而易見的問題才會催生新的點子。然而，從文化層面上來看，我們對「創新」過於狂熱，逕自賦予此概念得天獨厚的內在價值。我們的態度彷彿認為，新點子之所以好，只是因為點子是新的。但如果我們停下腳步，捫心自問：「我們為什麼需要創新？」或許會從此改觀。

表面上，提出新點子和創業聽起來相當誘人。自己當老闆，每天穿帽T上班，做出很棒的應用程式，然後以十億高價賣出。創業和當老闆頓時形成一股風潮，但現實並不如

想像中光鮮亮麗。企業家大多放棄舒適的工作，歷經好幾年的熬夜、懷疑、負債，同時不斷面對失敗的恐懼，事業才終於開花結果。要熬過這些年頭，努力不懈、克服萬難，並且願意犧牲友情、家庭和健康（沒錯，有種說法就叫「創業維艱十五年」），背後支持的動力幾乎需要達到瘋狂的境界。這就是為什麼，最偉大、最成功的企業家通常是發現世界缺陷的人，他們毫無退路，必須設法加以修正。他們會想出點子，是因為他們看見亟需解決的問題，而這往往不像「我討厭處理庶務問題」這麼簡單。

別只是發明新事物，試著解決既有的問題

理想狀況下，發明的衝動源自於人類親眼見識（或親身體驗）某種缺失，而且必須加以解決才能安心入睡。我的意思不是所有新的點子都必須解決全球糧食問題。（不過如果真能如此，似乎也不錯？）問題可以有不同規模，輕重緩急也不盡相同。或許你只是找不到一件滿意的浴袍，或是有線電視費用太高，導致你心情不悅。只要是會影響生活的真實問題，就可能帶來有意義的創新，而該問題就是創新的開端。

當然，在現實世界中，新點子不一定總是直接回應問題。如果你有充沛的創意，可能半夜靈光乍現，「要是能……是不是很棒？」或者，你可能哪一天坐在桌前認真

思考：「好厭倦這份工作，這樣的人生好無趣。我能怎麼辦？」但即使你的點子並非源自於熱切希望解決某個問題（尤其是沒有問題需要解決時），你也應該不厭其煩地測試，確定該點子符合世界真正的需求。要啟動此過程，一開始必須自問：「這能解決什麼問題？」

每當我跟新客戶開會時，我總會先問他們希望為使用者解決什麼問題。這個問題看似簡單，但要回答卻又出乎意料地困難。面對我的提問，所有企業家總是直接切入產品帶來的利益，從未談及顧客的需求，屢試不爽。舉例來說，提倡新健身觀念的人可能會說：「以經濟實惠的價格享有品質穩定的訓練。」或者，為小型企業主打造專用平臺的人可能回答：「讓使用者一手掌握所有資料，全部數據一目瞭然。」需要注意的是，這些都是解決方案，不是問題。

當然，企業家迫不及待說出點子是預期中的反應，畢竟在創業初期，他們可是窮盡所有時間，反覆思考腦海中浮現的點子。也許他們很早之前就發現問題，並已進入後續階段。但在品牌創立初期，你應該隨時自問希望解決什麼問題，以此作為引導你前進的明燈。

專心找出問題也能防止你落入致命的圈套，以免誤認為全世界都在引頸期盼你推出產品。以前我還在廣告業的時候，同事間不時開玩笑，說創意簡報上的「深入剖析」大概就跟「我希望有種加了葡萄乾的酥脆穀片，健康又好吃」沒什麼兩樣。不過消費者想的不一樣。他們可能找不到快速簡

便的早餐，吃起來又不感覺肥胖或懶散。或許你的脆口葡萄乾穀片是解決這個問題的絕佳答案，但消費者不想一早就吃葡萄乾口味的酥脆食物。同樣地，人們也不會期待你的點子出現在世界上，因為他們甚至不知道那是一種選項。因此，當你坐下來想清楚要解決的問題時，有種很棒的測試法是想像某個人的內心獨白。你所發現的問題，會不會正好符合真實世界中人們正在思索的事情？

以「為什麼」測試法讓點子滴水不漏

一旦找出問題癥結（真實生活中人們可能會有的欲望或需求）之後，就能進一步深入探究了。這個過程稱為「為什麼測試法」。你曾遇過不斷問「為什麼？」的兩歲小孩嗎？那種不管你怎麼回答，還是只問「為什麼？」的小孩？該是向他們看齊的時候了。現在假設時光倒轉，我們身上穿著相當於帽T的十九世紀服飾，也許是中等長度的便裝上衣，依照維基百科的說法，這通常可取代正式的長版西裝外套，適合較休閒的場合。而且好消息是，人類剛發明汽車！很棒對吧？給自己一點時間沾沾自喜，然後就能開始想像情境了。

現在，我們已經想到這個超棒的創新點子，該是時候釐清我們正在解決的實際問題了。「人們需要從甲地移動到乙地的個人化交通工具」並非重點。大家都聽過亨利・福

特（Henry Ford）的名言：「如果當初我問顧客想要什麼，他們會回答跑得更快的馬。」人們不是走路就是騎馬，不會想要汽車。話說回來，實際的問題或許是：「我的馬跑得太慢，而且容易疲勞。」好，這為什麼重要？「嗯，交通花費的時間太長，而且距離不夠遠。」這為什麼重要？「我花在移動的時間比享受生活和做正事的時間還多。」這為什麼重要？「因為生命短暫，我有太多事情需要完成。我不能把寶貴的生命浪費在馬背上！」問題解決了。「為什麼測試法」的結局時常是害怕死亡。這是一連串「為什麼？」進入尾聲時，唯一可接受的結果，因為「害怕死亡」是所有人類行為的最終動機。只有出現這種結果，才有資格繼續針對你嘗試創造的產品，尋找最相關、最合適的深入剖析。

在這種追根究柢的精神下，你或許會問：「這為什麼重要？我們發明了汽車，這還不夠嗎？為什麼我們需要不斷反思，擔心問題是什麼呢？」原因在於，這樣的思考可協助你建立心中鍾愛的品牌，在世上流傳好幾十年之久，而非產品上市後只是曇花一現。這能確保從點子發想到實際執行期間的所有環節，都能緊扣你鎖定的消費者需求。除了專注於產品本身的開發之外，這等於也奠定了產品的重要地位。

用一句話描述產品相對比較容易，但這不是創造品牌的深層想法。最棒、最強勁或最熱門的品牌，其背後的概念通常遠超過產品本身。舉兩個眾所皆知的品牌為例：Nike不只代表慢跑鞋，運動表現才是重點；Apple不只是電腦，創

意才是核心價值。或許汽車是自由的代名詞，但若從產品本身出發，你不會做出這個結論。你必須著眼於「人」才行。人們需要什麼？他們在乎什麼？他們的熱情和夢想是什麼？他們有什麼欲望和恐懼？唯有如此，你才能開始掌握產品在世界上的定位。

　　唯有專心思考你要解決的問題，才能跳脫產品的功能性描述，在情感上找到連結人們核心價值的解決方案。這也能幫助我們隨時保持誠實，確定我們的所作所爲確實重要，或許這能讓無數辛苦工作的夜晚好過一點。

艾蜜莉・海沃德

品牌塑造顧問公司Red Antler的共同創辦人，專門協助新創事業與新創投公司建立品牌。她所領導的品牌塑造專案包括服飾租借網站Rent the Runway、家具銷售網站One Kings Lane與音樂影片網站Vevo。

→ www.redantler.com

不要怨懟，
動手做就對了。

── 矽谷企業家　本・霍羅維茲（BEN HOROWITZ）

提出正確的
問題

—

華倫‧伯格（Warren Berger）

「別從答案出發。」管理大師彼得‧杜拉克曾說：「要學會先問：『我們面對什麼問題？』」

提問有時可能比找答案更有價值，但對企業而言，這個想法通常違背直覺。不過，只要詢問當今頂尖企業的領導者和企業家，你會發現他們與杜拉克一樣，都認為專心釐清問題是一大關鍵。跳躍企業（Jump Associates）的戴夫‧帕特奈克（Dev Patnaik）坦言：「這陣子我在思考的重點就是如何正確提問」，這家策略顧問公司的宗旨是幫助企業創新。同樣地，艾瑞克‧萊斯（Eric Ries）發現，當他利用「精簡創業法」（Lean Startup）訓練企業時，最大的挑戰

通常是讓客戶「認同不確定性，並提出表面上看似愚蠢的問題」。

提問或許是塑造公司雛形、釐清公司宗旨和目標時最重要的階段。後續所做的選擇、前進的方向、追求（或遙不可及）的機會，以及你所創造的文化，可能都與你提出的問題息息相關。

相對簡單的問題是一些平常會問的實際問題：我們怎樣才能更有效率地完成這項工作？哪裡可以省點錢？不過，針對宗旨和目標（也就是問「爲什麼？」）的問題就比較難了。以下七個問題都屬於這類。盡早面對這些問題，也要學著習慣有這類問題長伴左右，因爲隨著企業日漸發展和成熟，你仍然應該不斷自問，反覆釐清這些重要問題。

1. 我們的初衷是什麼？

大部分新創公司一開始都有清楚的目的，像是解決問題、滿足需求，或是幫煩死人的疑問找到解答。想想幾家最新的公司就知道，例如Nest、Square或Dropbox之所以會創立，都是因爲深信世界上缺乏或缺少某樣東西（智慧型溫度調節器、讓任何人都能接受信用卡的方法、更棒的資料儲存方式）。這是促成創業的巨大動機，同時也是很理想的開始，但隨著公司成立之後，當初驅策企業前進的目標往往也會日漸模糊。爲了在業界生存的各種問題和財務壓力開始湧

現，占去了日常的重心。企業可能很快就迷失方向，錯失眞正重要的問題。因此，你必須隨時提醒自己：「我們爲什麼要這麼做？」（如果有必要，可做成標語掛在牆上）。套句Dropbox創辦人德魯・休士頓（Drew Houston）的話，我們專注追求的主要目標應該是眞正重要的事，那股精神就像「狗追網球」一般。視線不要輕易離開那顆球。

2. 要是我們從世界上消失，誰會想念我們？為什麼？

這是連鎖超市Trader Joe前總裁道格・勞奇（Doug Rauch）跟我分享的問題。勞奇說：「這是每間公司都應該要有的疑問。」因爲這直接點出企業的獨特與珍貴之處，同時也更清晰定義公司的核心顧客，以及他們爲何需要你的原因。如果你不能確切回答這個問題（提示：「所有人」可不是理想的答案），表示你必須認眞思考一番。

3. 我們眞正的事業是什麼？

這個問題可強迫你探究與客戶之間更深一層的關係，在你所提供的產品或服務之外思考。Nike以銷售運動鞋起家，但他們很早就發現，眞正的事業其實應該是滿足所有類型的運動生活方式。有了這點認知之後，Nike開始拓展商品

範疇，隨顧客的生活型態變遷而調整。在這個瞬息萬變的時代，不斷問自己這個問題更顯得重要。上個月開創的事業，或許明年就不復存在，但如果你能及早辨識你為世界創造的真正價值，即使周遭的市場環境改變，你也能在調整後存活下來。

4. 我們要如何成為一種事業，並非只是一間公司？

你已開發出很棒的產品，這點無庸置疑，但其實很多人都能做到。如果你真心希望和顧客交流聯繫，不妨自問應該如何與其建立更深一層的關係，而這層關係應該著眼於他們真正在意的核心。現今，要能吸引有識別力的消費者和有能力的員工，品牌和公司往往必須代表某種價值才行。不過，你所代表的立場必須實際又合宜。試問自己：「世界需要什麼……是我們得天獨厚可以滿足的需求？」

潘娜拉（Panera）連鎖麵包店的執行長羅恩‧薩伊克（Ron Shaich）誠實正視了這個問題，促使他推行「潘娜拉關懷計畫」。他預計開設一定數量的「依能力付費」咖啡廳，提供與旗下其他餐廳相同的餐點，讓顧客依意願或能力自由付費。潘娜拉有的是麵包，而世界上正好有人挨餓，因此他將這兩種現實結合在一起，進而把企業轉變成一種事業。

5. 我們願意犧牲什麼？

薩伊克告訴我，公司在醞釀「潘娜拉關懷計畫」的想法並付諸實行（執行長親自坐鎮第一間咖啡廳）的過程中，曾面臨一些嚴峻的抉擇，例如提供完整而非經過篩選的菜單，以確保計畫的完整度。薩伊克表示，每個階段中，公司都必須捫心自問：「我們要走捷徑，還是把事情確實做好？」若想堅守任務或事業，時常需要做出艱難的決定。顧問公司Peer Insight的顧問提姆・歐吉利維（Tim Ogilvie）表示：「難免會遇到無法同時滿足獲利和理想的狀況，這時就不得不擇一犧牲了。」接著，他舉美國連鎖超市Whole Foods為例，說明他們在找到願意採取人道捕撈作業的供應商之前，很長一段時間自願停售活龍蝦。「這是很難的抉擇，不過一旦你選擇捍衛理想而非利潤，大眾能看見你做的決定。」歐吉利維說：「然後他們會更願意相信公司和你堅持的理念。」

6. 我們如何找到更好的實驗方法？

「精簡創業」艾瑞克・萊斯認為這是非常重要的問題，只是許多企業從未認真思考，因為企業的主要考量通常在於「製造產品」，不是「做實驗」。但要做出更棒的產品，首先必須找到更好的實驗方法。萊斯表示，你可以先

從培養正確觀念開始：「我們身處許多不確定因素之中，而創造產品或執行其他活動的目的，就是為了從試驗中減少不確定性。」換句話說，相較於提出「我們要製造什麼產品？」這類問題，重點應該擺在「我們能從中學到什麼？」萊斯接著說：「然後你再反推找出最簡單的執行辦法，也就是最低限度的可行產品，從中汲取經驗。」這個方法有助於公司盡情發揮早已存在的創意，算是額外的好處。「大部分公司都擁有大量點子，但他們不知道如何確定這些點子是否可行。」萊斯最後說：「如果你希望所有點子都能開花結果，請給員工更多實驗的空間，放手讓他們親自找出問題的答案。」

7. 什麼才是切合任務的真正問題？

不要跟任務宣言搞混了，沒錯，就是那種寫下來後就塞進抽屜深處的東西。任務宣言比較像是廣告標語，無法準確描述你的理念。不過那是另一回事，這裡我想談的是一種鎖定未來的開放式目標，最好能以未定論問題的形式呈現。雖然現在我們已能提供很不錯的X，但要如何才能超越自我，同時提供X、Y和Z呢？我們要如何運用既有的資源改變世界？你不必立刻回答，甚至可能需要好幾年才能找到答案，所以儘管大膽作夢，給自己一個可以追求的目標。別忘了與所有合作夥伴分享，從共事的同仁到顧客都是很好的

分享對象。從你設定的目標中，他們會知道你已踏上一段重要的旅程；從你設定的目標中，你會知道可行機率、改變和調整的空間；從你設定的目標中，你會知道什麼才是真正的挑戰，同時也能邀請他人協助你共同解決這個問題。

務必不斷自問上述七個問題（以及其他許多問題），這將有助於釐清你正在做的工作、背後的原因，以及可以如何改進。誠如潘娜拉的薩伊克所說：「找出你想完成的目標是一趟無止盡的探索旅程，不斷提問便是探索的方法。」

華倫・伯格

著有《大哉問時代：未來最需要的人才，得會問問題，而不是準備答案》（*A More Beautiful Question: The Power of Inquiry to Spark Breakthrough Ideas*）一書。

→ www.amorebeautifulquestion.com

關鍵重點

—

定義目標

· 目標是你的人生羅盤

盡力發掘你的人生目標並簡短概括，這能協助你聚焦在最重要的課題上，為未來的行動描繪藍圖。

· 找到「為什麼」

使用「為什麼？」的問句，深入挖掘產品即將解決的真正問題，藉此奠定品牌基礎，使人們願意與品牌建立深厚情感。

· 升級你的作業系統

在企業中全力落實精簡作風、開放式合作，同時強調學習和實驗，讓願景更加圓滿完美。

· 向外探尋，避免一味閉門造車

別只專注於你的需求，而應專心探求世界的需求所在。秉持熱忱和直覺，讓顧客引領你前進。

· 做個給予者而非索取者

每次決策時，不妨效法歐萊禮媒體公司的座右銘，衡量企業應如何「創造比實際收益更大的價值」。

· 隨時提出大哉問

將企業本身視為一種持續循環、修正及改進的產品。不提出問題，當然就無法找到答案。

CHAPTER TWO

創造

產品

—

如何設計、測試、
提供令人嘆為觀止的產品體驗並持續精進。

產品是熱忱的客觀代名詞。誠如頂尖的「產品狂人」賈伯斯所言：「產品若能稱得上優良，全是因為有群人熱中關切某樣事物，並希望能為自己及朋友將該事物改良得很棒，他們自己都想使用。」

他的說法點出兩個重點，所有卓越的產品研發都需仰賴這些共通理念：擁有勢不可擋的熱情，一心想將出色的產品推上世界舞臺，並堅持不懈地專心研究產品可用性。

你的任務（如果你選擇接受的話）是培養犀利的專注力，全力將一件事做好。全心全意投入開發和產品調整，反覆而不間斷，如此便能在短時間內失敗，然後快速汲取教訓。將使用者的需求置於一切之上，創造簡約、省力、愉悅的使用體驗。

不過要記住：證明藏在過程中。打造引領風騷的產品需要時間，所以務必設法樂在其中。

做好一件事

—

安迪・杜恩（Andy Dunn）

消費者不需要你的品牌貢獻太多，坦白說，他們只需要從你的品牌得到一種好處。或許你希望他們完全仰賴你，但事實上，消費者才不在乎你有什麼願望。你的工作是在意他們的需求，不是你期望他們需要什麼。這兩者之間的差異，便足以造就顧客至上的公司或以自我爲中心的企業。

許多品牌無法做到這點，因爲在企圖做好許多事情的過程中，往往只會落到一事無成的下場。偉大的品牌是種殊榮，而經由單一品項最能獲得這種榮耀，不是靠著一堆產品亂槍打鳥。設計師、商人與企業創辦人通常著眼於系列產

品，但消費者只想找到喜愛的單品。

這就是為什麼我會說，做好一件事是最棒的入門法則。這能為你贏得推出下一種產品的權利。不要急，從容做好第一項產品，拿出實際成果加以證明，因為要是你無法做到這點，就不會有人引頸期盼你的第二個產品。

比起以多種精采產品起家，憑藉單一產品造就偉大品牌的故事反而更受世人傳頌。看到這裡，你大概可以隨口說出一堆例子：Ralph Lauren和領帶、Diane von Furstenberg和深V包覆式洋裝、Potbelly和加熱三明治、Theory和女裝長褲、Tory Burch和芭蕾娃娃鞋、Kate Spade和手提包、Google和只有一個搜尋方塊的簡約網頁、Warby Parker和眼鏡，不勝枚舉。

你希望首波產品立即深獲使用者喜愛，在市面上發光發熱，若是一次推出多種產品，這個願望實在很難成真。知名創投育成公司Y Combinator的共同創辦人保羅・葛拉漢（Paul Graham）在研討會論文〈如何獲取創業點子〉（How to Get Startup Ideas）中早已在這個道理上著墨甚多：

> 新創公司成立時，至少必須擁有一些真正需要產品的使用者，這些人不會心血來潮只跟風試用一天，而是極度需要公司的商品。一開始，這群使用者通常為數不多，原因很簡單，

> 如果有種產品是許多人都極其需要的東西，而且光靠新創公司初期投注的資源就能順利上市，這種產品大概早就存在。換句話說，你必須在某一方面有所折衷：你可以選擇開發一大群人都需要的產品，但他們通常只需要少量，或者將心力投入少數人需要但需求龐大的商品。請務必選擇後者。或許這類點子並非全部適合新創公司，但新創公司成功實現的點子幾乎全是這種類型。

我們可以得知一個道理：要是一開始就無法全心專注在一種令人驚豔的產品，很弔詭的是，往後甚至別想在市場上擁有立足之地。持續開發及推出第二樣產品的入場券不會免費發放，你必須竭力爭取才拿得到。

以我創立的男性服飾品牌Bonobos為例。我們花了好幾年時間研究第一項商品：男性長褲，直到今天，我們每天依然持續努力，期能精益求精。早在二○○五年，我在史丹佛商學院的室友，也就是日後的共同創辦人布萊恩·史帕利（Brian Spaly）便著手研究如何生產更好穿的長褲。隔年，他在同學之間發起一項簡單的消費者研究，當然我也是他的調查對象之一。他想知道我們穿哪種長褲、我們對於長褲的

看法，以及我們買長褲的地方。

調查結果發現，沒有人喜歡身上穿的長褲。為了解決這個問題，他在二○○七年開發出第一件長褲原型「史帕利褲」。這件史帕利褲採用輪廓創新的腰帶，並改善臀部和大腿部位的剪裁，讓褲子穿起來舒服又合身，順利解決了「美國長褲太鬆，歐洲長褲太緊」的難題。他選用柔軟布料，有些搭配明亮的顏色，且全部褲子一律配上搶眼的對比色口袋縫線，強調設計師對細節的注重及活潑元素。如果你能從第一個上市產品賺到一萬美金，代表你的確開發了一項暢銷產品，而在很短的時間內，布萊恩實現了這個夢想。

在我意識到布萊恩的興趣可能成為一番事業時，我開始幫助他。最後，在他的邀請之下，我成了公司創立後的首任執行長。我們攜手合作，在接下來六個月期間發瘋似地向所有我們認識的人兜售長褲。我們舉辦展示會，也辦了長褲派對。不管走到哪裡，我都提著裝滿褲子的旅行袋，包括到洛杉磯和夏威夷參加婚禮，我都在早午餐場合或泳池畔推銷長褲。

等到銷售額高達幾萬美元之後，我們才與天使投資人面談。套句當初協助我們創立公司的天使投資人安迪‧雷克里夫（Andy Rachleff）的口頭禪，直到確定「狗願意吃狗食」之後，雙方才談及合作。一般慣例通常是先募集種子基金，產品能否暢銷根本還不清楚，於是我們反其道而行，開創一套截然不同的合作模式。還好幸運之神眷顧，布萊恩事

先存下一筆營運資金，供公司成立後運用，而我也投入四十萬左右的現金，並在初期好幾個月擔任無薪執行長，這套模式才得以成功。

我們沒想過第二樣產品。事實上，在首次向天使投資人簡報的附錄中，我特地加入一張投影片，說明要是順利的話，未來幾年的產品銷售藍圖。我永遠記得安迪‧雷克里夫跟我說：「在你證明長褲可以賣得動之前，我不希望你現在就思考這些東西。」

我們在Excel檔案中記錄銷售情況，只靠現金和支票等保守的收費方式累積獲利。顧客試穿過我們的褲子後，有九成的人會購買，其中百分之二十五的顧客會買三條以上。光是那個夏天，我們就賣出四百七十五條長褲。當時我們甚至還沒涉足電子商務，但只靠面售和郵購，就賺進五萬美元的營收。

接著，我們準備開始更容易擴大規模的銷售模式：電子商務。那年夏天，我找來另一位史丹佛同學艾瑞克‧艾里貝斯特（Erik Allebest），請他擔任我們的電子商務顧問，當時他已建立美國最大的西洋棋電子商務網站。在我搬到紐約市之前，我們在他位於門羅公園市的住家後面搭了蒙古包，利用二〇〇七年夏天規畫相關事宜，順利催生了Bonobos的第一個電子商務網站（www.bonobospants.com，已停用）。

二〇〇七年十月，我們的網站正式上線，銷售額隨之翻倍。我們賣出更多長褲，以實際的市場需求推動這個新的自動銷售管道。我們陸續在芝加哥、費城、華盛頓和波士頓舉辦展示會。在沒有積極爭取的情況下，我們開始獲得不錯的文章評薦。男性線上雜誌《UrbanDaddy》刊出一篇介紹我們的報導，促使大量讀者湧進我們的銷售網站，龐大的流量最後更導致網站癱瘓，暫停運作。當天我們首度創下單日兩千美元的銷售紀錄。

透過正面的公關迴響、口耳相傳、持續不斷的當面銷售，以及新嘗試的線上行銷，在電子商務推出六個月後，我們已經具備年營收一百萬美元的實力。半年後，銷售額翻倍衝上兩百萬。現在回想起來，我還是不禁讚嘆。當時我們只推出單一款式，而且褲腳做小喇叭設計。我們尚未提供褲長的選擇，顧客很可能必須先改長度才能穿上。我們的布料款式不多，顏色大概十來種，比起現在，當時顧客的選擇實在少得可憐。那時我們還沒推出單寧褲，也沒有卡其褲，購買前甚至無法試穿。但我們的業績卻像曲棍球棒一般持續上揚，這究竟是怎麼一回事？

我們的產品觸動了消費者的心弦。有鑑於男生的長褲大多不太合身，我們投注百分百的心力研究這個問題，發現合身的褲子比大多數男性習慣的剪裁更舒服。另外，我們的服務模式也剛好滿足消費者的喜好。許多男生不喜歡傳統的購物方式，因此我們提供新的購衣體驗，以數位管道為核

心，輔以全能的客服團隊，創造更親民的購物感受。我們相當清楚品牌要傳遞的訊息：「找我們買褲子就對了，因為我們知道，你想透過更好的管道購買好穿的長褲。」

六年後的今天，當初首推上市的小喇叭風格長褲只占了不到一成的業績。現在我們的總營收中，長褲的比例不到百分之四十。我們在全國好幾個城市開設實體「試衣店」，你可以上門試尺寸、諮詢專業的穿搭風格，我們再把你購買的商品送到府上。創業的過程很漫長，但要不是當初的第一款產品，我們不會有今天的成績。

弔詭的是，就算你一口氣推出兩種很棒的產品，但就因為一次提供兩樣，顧客較難評斷你的定位。一開始就「雙管齊下」，難免面臨更多風險、需要更多資金、模糊商品焦點，而且在分秒必爭的初期階段，反而更難傳遞品牌訊息，這麼做到底有何意義？請記住：日後還有機會衝高營收，開發更多產品，不必急於一時。

我們的財務長很喜歡提醒我：「錢總是比機會更快用完。」與你共勉。

安迪・杜恩

企業家,專心致力於創立卓越的消費型網路公司。他是Bonobos, Inc.的執行長與創辦人,旗下品牌包括Bonobos、Maide和AYR。此外,他也成立創投公司Red Swan Ventures。

→ www.bonobos.com

唯有透過選擇、篩除
及正視，我們才能發
現萬物真正的意義。

—— 美國藝術家　喬琪亞・歐姬芙（GEORGIA O'KEEFFE）

創造體驗，
不是製造產品

—

史考特‧貝爾斯基（Scott Belsky）

　　有關「製造產品」的討論沸沸揚揚，彷彿製造過程只有單一面向，製造者可以完全控制。當然，設計和工程是製造優良產品的核心條件，但傑出的產品創作者不只具備製造者的角色，他們同時也是服務管理者。

　　對於顧客而言，產品終究等於他們獲得的體驗，僅此而已。因此，創作及改良產品時，你的首要角色其實就是管理顧客的使用體驗。換句話說，優秀的產品製造者最終必須設身處地，從使用者的角度考量產品的使用體驗。

過去多年來，我曾參與多項產品的研發過程，其中包括部分實體產品（例如「行動」組織筆記本的其中一個系列），有些則是數位產品（例如彼罕思網路平台，以及Pinterest和Uber等幾家我曾提供建議的新創公司）和實際體驗（例如99U大會和我的書《想到就能做到》），同時我也和約瑟琳合作推出這本書的相關系列。這一路上，我歸納出一套產品管理法，也從合作對象身上學到各種最佳實務做法。

為理想扎下穩固根基，保持簡約風格

創作者必須慎防不斷增添更多功能和選項的陋習。遠大的願景勢必得奠基於有效實現的理想。產品精心設計的細節或許讓你著迷，但這很可能徒增產品的複雜度，讓顧客在使用上深感挫敗。很多時候，產品在推出初期相當簡單（這通常是為了方便研發起見），因此廣獲青睞，但隨著不斷改良，產品往往變得錯綜複雜，華而不實。我把這種現象稱為「簡約遞減循環」，其演變過程如下：

- **第一階段：** 大批使用者愛上簡約產品。
- **第二階段：** 簡約產品新增功能並不斷改良，開發者一廂情願地認為使用者會全盤買單。
- **第三階段：** 使用者大量流失，改用其他更簡約的產品。

大部分軟體都會落到這種下場。諸如Microsoft Word或Outlook等程式一開始只是簡便的文字處理或電子郵件軟體，但隨著功能日漸繁雜，使用者轉而求助於Google Docs或Gmail之類的解決方案。避免這個問題的訣竅，就是始終保持冷靜的思維，時常從新使用者的角度檢視產品。如此一來，你將能重新體認產品的重要之處，清楚了解如何才能發揮產品的真正效用。

輔助顧客順利度過一開始的十五秒鐘

你必須在第一時間說服所有人（包括瀏覽貴公司網站或使用貴公司產品的人），使大家正視你的產品。為什麼？因為初次接觸新的體驗時，前十五秒鐘是我們最懶惰的時候，每個人都一樣。這既非憤世嫉俗，也不是刻意嘲諷人性，但我相信，要在網路和現實生活中推廣優秀的產品及體驗，這是不可或缺的洞見。

由於不想花太多時間或心力真正了解某個事物，因此我們時常任由惰性擺布。我們缺乏耐性，而且容易分心。人生要學習的事情太多，光是工作、玩樂、學習和戀愛，時間就已不夠。因此，當生活中出現新事物需要耗費太多心思學習，我們通常不會多加停駐。過於複雜的銷售網頁、麻煩的拆封方式、冗長的註冊程序，以及投注心力後無法立即得到回報的其他因素，都會讓人對產品敬而遠之。新型態的顧客

著重快速便捷，對無法立刻取得的東西毫不在意。

我所認識最頂尖的產品設計團隊把這種懶惰的人性謹記在心，徹底運用在研發過程中。舉一個例子就好：在彼罕思網路平台上，最早的服務註冊流程要求新會員選擇三項他們最有創意的領域。新使用者平均要花120秒瀏覽選單，再選出最擅長的領域。光是這個註冊步驟，就讓我們失去大約一成的潛在會員，所以我們最後決定移除這個步驟，等到使用者大量使用網站之後再補上這筆資料。效果如何呢？註冊人數一飛沖天。

暫且不論結果如何，只有在克服初次接觸新體驗時的懶惰和利己天性之後，我們才會真正投注心力在產品和服務上，尤其網路方面的產品和服務更是如此。

但克服的動力從何而來？答案是誘餌。

務必掛上誘餌

有效的誘餌通常訴諸短期興趣（亦即我們的利己心態和缺乏耐性），但也會利用長期承諾。「花幾秒鐘預約未來人生」這類標語就是一種誘餌，報紙上的標題也是誘餌，約會網站更是充斥著各種誘餌。

就以買書為例吧！不管書寫得再好、內容再有趣，在你真正埋首閱讀之前，那本書終究只是幾百頁的白紙黑字或數位檔案。在這個例子中，書的封面就是誘餌，印有漂亮圖

片的封面比較有可能激起你的好奇心，促使你拿起來閱讀。

如果沒有誘餌，例如精美的包裝、扣人心弦的標語或精采絕倫的三十秒簡介影片，通常不太可能吸引使用者注意。要是辦不到這點，後續再深入的體驗都沒有意義，因爲人們永遠沒有機會發現。

要以兩種截然不同的思維創造合適的產品體驗，其實才是眞正的挑戰。零售業中，櫥窗中展示的商品通常決定了顧客是否願意上門。但櫥窗布置的種種考量，往往與店面銷售以及產品的眞實品質南轅北轍。出版業中，消費者是否買單時常取決於書籍封面，但封面設計的學問其實與優秀文筆是毫不相干的兩碼子事。若你秉持相同的目標設計封面和書籍內容，或是依循同一標準布置櫥窗和挑選產品，失敗只是遲早的事。

創造產品或服務時，務必採取雙軌思維。面對特定專案時，盡可能將前十五秒的體驗做到最好。然後，再另外爲眞正走進店面的顧客提供永生難忘、充滿意義的體驗，與其建立長遠的顧客關係。換句話說，決策時必須同時考量短期和長期體驗。

魔鬼藏在預設中

我從產品管理中學到的另一個洞見，就是使用者不會遵守你所界定的方向。舉例來說，你上次閱讀使用者手冊是

什麼時候？大多數人都不會看，他們寧可選擇直接操作，親自摸索。

人們很快就會熟悉你的產品，在不仰賴你的幫助之下找出常用的功能。大部分使用者會繼續將就於一開始發現的那幾種基本功能。你試過遙控器上的「返回上次觀看的頻道」按鈕嗎？你設定過iPhone的地點提醒功能嗎？你曾設定電腦的鍵盤快速鍵，只要輸入幾個字母就能插入常用的句子嗎？這些功能都不是使用者體驗的預設項目，所以你可能永遠不會使用。

行動社交網路平台Path的共同創辦人暨執行長戴夫‧莫林的口頭禪是「魔鬼藏在預設中」。即便你可以提供很多功能，但產品的成敗終究還是取決於「預設體驗」，這種體驗不需使用者額外費心學習或設定就會自然發生。換言之，你最想強調的功能就是預設體驗。這個目標很難達成，因為身為產品創造者的你永遠都是一名進階使用者。只不過，新使用者才是永遠比你重要的人。

—〰—

永遠別忘記，創造產品等於創造一種體驗。你的任務不只是提供顧客有價值的東西，還要幫助他們順利使用。

你是管理使用者體驗的人。秉持這個原則創造產品就不會錯。

史考特‧貝爾斯基

Adobe的產品／社群副總裁，也是彼罕思網路平台的共同創辦人，這個領先業界的線上平台專為創意人所設計，宗旨在於示範及發掘有創意的作品。史考特曾入選為「快公司」（Fast Company）的「百大創意商務人士」，而全球暢銷書《想到就能做到》也是他的傑出之作。他身兼數家公司的投資人和顧問，Pinterest和Uber就是其中兩家。

→ www.scottbelsky.com

把平凡小事做到不平凡
的境界，就是卓越。

——英國經濟學家　舒馬克（E. F. SCHUMACHER）

Q&A:

反覆調整，
走向創新

—

與談人：賽巴斯汀・索恩（Sebastian Thrun）

　　賽巴斯汀・索恩深知如何創造精采、大膽的產品，進而改變世界。他率領Google眼鏡和Google無人駕駛車的開發團隊，同時也是教育機構Udacity的共同創辦人，希望透過提供優質的線上學習體驗，讓教育普及到世界每個角落。這些成果源自於錯綜複雜的問題，解決辦法全都看似難以實現，但索恩引領團隊一步步找到答案。我們很榮幸能訪問他，請他分享不斷自我調整的重要性，以及當恐懼和懷疑占據內心而猶豫不決時該如何因應。

Q：你開發過不少革命性產品。專案啟動初期，你怎麼保持全心投入的熱情？

A：談到開發產品，我喜歡用爬山的比喻。第一步是選擇要爬的山。不要因為哪座山容易爬就輕率決定，務必挑座你真正想去一探究竟的山，這樣才能樂在其中。

第二件事是挑一支你信任的團隊，確認他們願意一同學習。爬山不會一路順遂，總有遇到障礙的時候。你必須做好犯錯的心理準備，到時難免必須掉頭折返，重新來過。

另外，你也必須隨時謹記目標的方向。你會有很長一段時間覺得自己走錯路，但務必要堅強地勇敢前進。你必須不斷往前走才行。

Q：聽起來你比較注重過程，結果倒是其次？

A：沒錯。對我來說，如果每天都能獲得樂趣，而不是跨年時狂歡幾天，整個過程就會開心愉悅多了。如果你的目標只鎖定在上市上櫃、賺大錢，那麼你會有很長一段時間悶悶不樂，因為大多數人通常無法順利撐到IPO，賺進大把鈔票。

時間是我們最重要的資產，所以我覺得最好能妥善管

理此時此刻的時間，樂在當下，而不是追求還無法達成的目標，比如說以後要買一輛名車。不少資料顯示，有錢人不一定比較快樂，或許你也能從正在做的事情中找到樂趣。

Q：過程中要如何融入產品調整的概念？您認為應該盡快確立產品功能的雛形嗎？

A：回到爬山的比喻。仔細想想，除了身體力行走上幾萬步之外，實在沒有其他方法可以攻頂。你或許可以開一堆會議、準備所有文件、連續幾個禮拜認真工作，擬出一個完美計畫。但我認為，這同時也犧牲了時間。實際上你還是一事無成，也沒有學到任何東西。

當然，如果同一座山已經爬過一萬次，你大可直接拿著書和地圖，循著相同路線前進。但這就不叫創新了。創新是攀爬一座從未有人到過的山，由於沒人解決過類似問題，因此過程中理應會有一些未知因素。

創新過程中，光是思考通常是行不通的。迅速調整、失敗、再調整才是最後成功的關鍵。即使失敗，你還是完成一件了不起的事：你學到了新的東西。日後回想起來，這或許有點難堪，其他人可能也會補上一句：「早應該料到會是這種結果。」但事實上，你不可能預先知道，因為這是沒人

探索過的領域。在我認識的企業家中，幾乎每一個都曾經重重跌過好幾跤，才有今天的成就。

Q：開發產品時，大多數人最常犯的錯誤是什麼？

A：我常發現的一種錯誤是永遠停留在計畫的階段，也就是俗稱的完美主義者。這種人確定所有元素後，通常會在開發時期追求完美，但從來不曾整合在一起。他們認為，產品上市前再將所有部件組裝起來，一切就能順利開花結果。當然，這種情形從來不會發生。

我觀察到的第二種錯誤比較偏向個性問題，也就是因為擔心失敗而裹足不前。例如，一件事反覆做三、四次、經過一年還在研發期，而且心裡總是覺得：「天啊，我還不夠好，乾脆轉換跑道好了……」因此缺乏恆心，半途而廢。

最後一種是自己嚇自己。一看到競爭對手做出新的成果，你就不禁心生畏懼，決定改變努力的方向。但每次你這麼做的時候，其實早已落後對手，這種念頭實在萬萬不可。你必須要有自信，相信你所懷抱的願景。

有時候，每個人難免因為害怕而卻步，但我們必須盡可能擺脫恐懼的包袱。有種方法是想像自己早已成功；你能

預見未來的發展，而那時你已成功征服目標。有了這般假想之後，現在的你會想怎麼做呢？

Q：很明顯，特定類型的個性比較能接受不斷調整及坦然面對失敗。如果不是與生俱來，你覺得這種特質可以後天學習嗎？

A：特定類型的個性顯然比較能面對失敗。不過我認為，這種能力也可以後天學習，尤其如果你能真正體悟實驗失敗其實與你個人無關，心中就會舒坦不少。這不過是創新必經的歷程，而失敗是整個過程的一部分。

舉例來說，假設你正在開車，而車子跑了三百英里之後沒油，這時沒有任何人需要受到責難，因為這種「失敗」是汽車固有的本質，不是你的問題，也不是你操作不當所造成的後果。我們知道，遇到這種狀況時，必須重新加滿油箱，這是理所當然的道理。因此，要是我們以同樣的態度看待創新過程中的失敗經驗（就像定期加油般合情合理），勢必就不會對號入座而感到沮喪。

Q：很貼切的比喻。這樣聽下來，你覺得反覆不斷實驗，甚至抱持一種類似遊戲的心情，才是最有利於創新的思維囉？

A：很少看到有人抱持「哇，這個我不懂耶！」的坦率態度看待事情。研究人員把這種常見於小孩子的反應稱為「成長型思維模式」，這種思維代表一個人能夠坦然接受還不了解某種事物的事實，或是還沒能力做好某一件事。但在大多數人的成長經驗中，他們總是認為自己無所不知，無所不能。

但要是你真的無所不知，就不可能創新了，對吧？不可能創新的原因，在於沒有新的事情讓你學習或探索。我喜歡一種有趣的說法：「高中畢業生認為自己學到了一切知識；大學畢業後，他們覺得勉強還懂一門專業；但在拿到博士學位後，他們終於領悟到自己一無所知。」

我覺得，能夠領會學海無涯的道理並保持謙遜的態度，其實是件好事。再回到前面的爬山比喻，我認識的所有登山好手在進入山林後，總是感覺自己異常渺小，而且相當享受這種感覺。不管如何，高山永遠比你壯闊。

賽巴斯汀・索恩

線上教育平台Udacity的執行長，這家新創公司的宗旨是將高等教育普及化。他是Google的約聘研究員，也是史丹佛大學的研究教授。

→ www.udacity.com

生命會依一個人
的勇氣等比例萎
縮或膨脹。

—— 美國作家　阿內絲・尼恩（ANAIS NÏN）

把使用者當成
合作夥伴般對待

—

詹妮・杜爾奧伊蒂（Jane ni Dhulchaointigh）

　　身在這個時代，我們享有一種絕對特權是能夠知道使用者的意見，更有機會用心傾聽，這是以前辦不到的。所以，請珍惜傾聽的機會。在我專門製造塑型黏土的公司Sugru中，即使我們對能實現創意感到驕傲，但幾乎所有產品決策都奠基於豐富的使用者意見，以及我們從使用者口中聽到的想法。我們改變包裝、調整網站內容、變換提供的顏色、重新安排產線……族繁不及備載。

不管你接不接受這個說法，但事實上，你並非產品或事業的唯一推手，你的使用者也參與其中。若能在每一階段（產品推出前、上市期間及後續發展）重視使用者的回饋，不僅你的事業能獲得無形的收穫，你也會經歷一段令人讚嘆的精采過程。

讓我從頭講起。二十三歲時，我懷抱著當上傑出產品設計師的夢想搬到倫敦，當時我已不再雕刻。我熱愛新奇的材料，希望能發揮創意，為自己和他人提升日常生活的品質。那是我在職業生涯中的重要決定。我相信事情一定會很順利！

可惜事與願違。才進入皇家藝術學院幾個星期，我就深切體認設計這檔事比我預期中複雜許多。我逐漸領悟兩件事：一，我的實力不夠；二，我們準備設計的這種新材料，真的有人需要嗎？世界上的材料還不夠多嗎？

當時我很茫然，極力找到立足點，於是我把自己關在工作室，試著尋求冷靜思考的空間。我仰賴雙手思考，因此我開始實際動手做。暫且不管產品設計，或許我可以研究一下產品的製作材料。我著手分解木材、泡沫塑料和水泥，再以不同組合方式重新結合。某天，我把矽膠和廢棄木屑混合在一起。這種新的材料看起來像木頭，但我可以用手捏出形狀。我把那團材料捏成一顆球，隨手放在工作檯上。

午餐時間過後，那顆球變硬了。我靈機一動，把球往地上丟。接下來發生的事情讓我不禁大笑，立刻跑到隔壁工

作室向其他人展示我的新發現。那顆球掉到地上後不只稍微回彈，而是大肆彈跳！像乒乓球一樣立即彈回來。當下我的心情相當雀躍，而這也促使我瘋狂研究，想知道我做出來的這種奇怪材料可以應用在什麼地方。之後的幾個星期，我極力四處尋找這種材料可以解決的重大問題或用途，但最後筋疲力盡，一無所獲。

就在我準備放棄的時候，我突然發現材料的用途，而且答案近在眼前。我可以利用這種混合材料修繕家裡，例如修理廚房水槽塞以及改變難握的刀柄形狀。我的男友詹姆斯一邊安慰沮喪而落淚的我，一邊向我解說實驗成果的運用方法和意義。

我想通了。要是這種材料可以讓每個人成為設計師？要是所有人都能動手改造、調整和修理物品，延長使用壽命？我的腦海中浮現一個全新的世界，在那裡，我們不用一味花錢買新的東西。我們已經擁有太多東西，因此只需適度改良，使用上就能更順手！創立Sugru的想法就此成形。我不是專業的科學家，我的點子（創造可以自然定型的特殊塑膠，不論用途或普遍程度都超越強力膠或透明膠帶）需要嚴謹的研究和開發，而我有意接下這個任務，化點子為實際商品。不久之後，我認識了創業夥伴羅傑・阿胥比（Roger Ashby），他正好可以替我介紹矽膠產業的頂尖科學家與智慧財產權專家，協助我保護研究成果。

一開始，我以為我們可以與實驗室簽約合作，聘請專

家來為我們研發Sugru。前三星期，我們花了五千英鎊做完三個實驗，但一無所獲，那時我才明白，只有親自動手實驗，這個點子才有可能實現。我又花了五千英鎊建造實驗室，並在接下來的三年期間不斷微量混合樣品，仔細觀察每批樣品的表現，藉此逐步達到我們需要的實體特性和材料行為。那是很漫長的過程，讓我堅持到底的動力就是使用者的試用意見。我們一邊建立產品原型，一邊找人試用。

我喜歡跟人分享我的工作。我發現，有些人其實沒有真正了解我的想法，但也有一些人的眼神為之一亮，隨即主動回應：「聽起來好棒！我可以試用嗎？」我把這些人加入我的電子郵件名單中，每當實驗出現進展，我會寄出幾份樣品給他們試用。產品正式上市時，這組人馬已經增加到150人，什麼行業的人都有，包括木工師傅、廚師、衝浪好手，以及嘗試使用Sugru修繕居家環境的其他人。幾乎所有人都會寄來照片，告訴我他們如何實際運用產品和試用心得。我把收到的照片貼在一面大公布欄上，最後貼滿了小辦公室的整面牆壁。

對我來說，這個過程的功能就像時光機。我把這些試用者想像成未來的人，透過他們實際使用，我才可以接觸及感受Sugru正式推出後可能的情況。雖然這只是一些想像力的把戲，但他們提供的具體證據的確陪伴我度過最難熬的時光。

另外，在主動接觸和傾聽使用者意見的過程中，我還發現許多寶貴價值。如果你能睜開雙眼，持續仔細觀察你所得到的收穫，往往會有很棒的事情發生。以下提供我的幾點觀察，進一步說明如何實際執行。

1. 把不完美的產品送到使用者手上試用，觀察發生什麼事。

從一開始，我就把初期的產品原型寄給使用者試用。有次我把產品交給一家人，讓他們自由發揮，摸索可行的用途，接著我看見他們將產品當成模型黏土，像玩黏土一樣開始使用。不到一個小時，我就體會到溝通的重要。如果我想順利協助人們利用Sugru修補、改造及改善手邊既有的產品，明確傳達新材料的功用非常重要，這點甚至比產品本身還重要！若不是向試用者拋出問題，我不會學到這點。曾經有個聰明人說：「提出蠢問題，你會得到愚蠢的答案。」透過設立情境、從旁觀察、深切反思，我才學會這個道理。

2. 告訴使用者可以怎麼做，而不是指導他們應該怎麼做。

開發階段初期，我製作了一小本畫冊，裡面畫滿Sugru這種神奇材料的一百種用途，其中有些非常實用，但大部分還只是初步構想或好玩的創意。大家看到後通常露出微笑

或報以笑聲，最常聽見的問題則是「哪裡可以買到？」和「多少錢？」。

當時產品尚未成熟，還在開發階段，因此我只能回答「上市後我會馬上通知你！」，然後抄下他們的電子信箱。那時我不曉得產品還要多久才能真正上市，（答案是六年！）也不確定到時畫冊中的用途是不是還夠新奇有趣。但幾年後，我們的網站正式上線，那些用途依然搶眼，魅力不減，瀏覽網站的人同樣會不禁微笑，開始想像產品可能的用途。

我想表達的重點是，我們可以告訴使用者，Sugru能用來修理、改良及改善身邊的各種物品，但如果我們不告訴他們這些用途，他們或許就不知道如何運用。與其告訴使用者他們可以依照自身需求改變剪刀握柄的外觀，或是調整耳道式耳機的形狀，讓耳機更貼合耳朵，不如利用圖片直接示範Sugru對日常用品的修補效果。尤其面對樂意揮灑創意的客群時，視覺刺激往往有助於他們快速得到靈感。

3. 讓使用者自願當你的代言人，他們的話比你更有說服力。

上述試用者有兩點共通處。一來他們認同我們的理念（人們應該具備修理和改善物品的能力），二來他們對產品懷抱熱情。簡單來說，他們就和我們一樣，因此我們必須

創造一種能讓他們興奮不已的產品，也讓我們自己樂在其中。我們將這個任務奉為最大目標，而且一旦產品獲得支持，我們就不再展示我在初期畫的那些示意圖，改而呈現使用者實際運用產品的方式。比起由我們示範Sugru的用途，（你為什麼應該相信我們？）我們更想宣傳這一小群人使用Sugru的實際情形。你應該相信他們才對！

從那時開始，Sugru幾乎憑著口碑打開市場。當然，要是產品本身不夠出色，這一切不可能發生，但成就這一切的關鍵，還是消費者分享修補成果的風氣，鼓勵了其他人一起發揮創意。我們的網站和社群平台充滿真正用過產品的人，他們不吝示範日常生活中的修繕成品和使用案例。不過，這種樂於分享的文化並非自然發生。我們刻意為可能分享心得的人營造一個環境，使他們可以用個人名義和我們初期的使用者互動交流，才終於造就了這種風氣。

隨著品牌不斷壯大，我們仍維持這種文化，盡可能與願意和我們分享使用經驗的所有人建立緊密的關係。他們花在產品上的時間、熱情，以及慷慨分享的行為必須獲得認可和回報。我們不僅推崇Sugru最實用的使用方法，最符合Sugru精神的行為也值得表彰。有時我們會送禮物，但我們發現，最根本的獎品其實最具獎勵效果：在這個社群中，我

們同心協力朝著共同的目標前進，而當這個行為本身獲得認同，並在真誠的互動中不斷堅定信念，這才是最令人感動的回報。

詹妮・杜爾奧伊蒂

塑型黏土Sugru的發明人，也是同名企業的愛爾蘭籍執行長。這種可自然定型的塑膠可用來修繕、改造和改良日常用品。Sugru榮獲《時代》雜誌評選為「二〇一二年五十種最出色的發明」，與iPad齊名。

→ www.sugru.com

優秀的設計是
盡量減少設計
的痕跡。

—— 德國工業設計師　迪特・拉姆斯（DIETER RAMS）

運用設計讓產品完美運作，像變魔術般神奇

—

卓裘莉（Julie Zhuo）

　　傳統上，「設計」一詞泛指功能與形式的完美結合。椅子可以舒適又漂亮，邀請函可以清晰易讀，同時又能傳達活動的格調。經由設計，任何具有某種功能的物品都能超越其基本性能，在使用及觀賞時成為一種享受，展現人類博大精深的工藝技術。但到了現代，若把設計視為一種形式表現（一種純粹的視覺呈現），不免感覺受到局限。

　　實體物品所提供的功能不再是種限制，電腦、手機和

各種裝置讓我們的生活更加便利，但功能也漸趨複雜。即使我的先生還在開會，我還是可以在城市另一端開車時，告訴他晚上要吃的餐廳名稱，而且完全不會打擾他工作。我可以舒適地窩在客廳搜尋法國的黑白成長電影，找到後立即觀賞。我可以邀十二個朋友共進晚餐，離開時輕鬆分攤帳單，不需麻煩地掏出鈔票找錢或要求櫃檯分開刷十二張信用卡。在這些例子中，每件事的考量越來越細，卻讓整體生活經驗變得更好。出現創新產品時，我時常問自己兩個問題：這能讓生活更美好嗎？容易使用嗎？

在我欣賞的許多新服務或產品中，設計重點極少放在創造新視覺體驗上。事實上，這些案例全都朝著「隱形設計」的方向努力，而這通常能產生更輕鬆的使用感受，例如拿掉整個踏階、移除一整面牆，或是直接利用既有的圖樣，而非另外創造。這麼做的結果，往往能讓使用體驗異常流暢，使用者憑直覺就能操作，簡直有如魔術一般。

不妨回想一九九〇年代初期的網際網路目錄和入口網站，像是Yahoo!奇摩、Lycos、AOL等主流網站。Yahoo!奇摩在一九九四年首次亮相時，最早的名稱為「傑瑞全球資訊網指南」（Jerry's guide to the World Wide Web）。即使網站名稱後來改成Yahoo!奇摩，但這個名稱原本代表的意思是「另一個階級嚴明，但非正式的神諭」（Yet Another Hierarchical Officious Oracle）。網路問世之初，網站數量還在可以控制的範圍內，所以把網站分層組織，像是分成藝術

與人文、參考工具、科學和政府部門等類別，方便使用者深入瀏覽，算是合情合理的做法。當時，能蒐集網路上的所有內容並加以統整分類，就有資格稱得上是成功企業。

然而，隨著網站數量增加一倍、四倍，最後急遽成長之後，怎麼在如此龐大的規模下改善網路目錄，便成了一大難題。要是只專心思考顯而易見的問題，你可能會傾向於改造這些目錄的導覽方式，或許在每個最高階層的類別底下增加下拉式選單，幫助使用者縮小瀏覽範圍。或者，你可能推出一系列全新入口網站，每個網站負責統整某個特定主題，如此一來，使用者在茫茫網海中，就能輕易找到最顯著的標的。

至於接下來的發展，相信每個人都非常熟悉。馬跑得再快，終究比不上汽車的速度和舒適感，極力改善目錄功能也是同樣道理。最後，在精準演算法的支援下，一個四方形文字欄位脫穎而出，而其使用效果也證實，這的確是更爲理想的設計，效果遠勝於大量的精美入口網頁。瀏覽世代終告落幕，搜尋的新時代正式來臨。

越來越熱門的Dropbox和Box等服務是比較新的例子，能讓使用者在各種裝置或一群人之間同步檔案。雖然以前就有多種解決辦法，例如透過FTP上傳檔案、寄電子郵件給自己、使用版本控制系統、利用外接硬碟傳輸檔案、經由專爲此問題設計的檔案共享網站上傳及下載檔案，但一直到Dropbox採取許多人早已習慣的數位文件處理模式，直接透

過作業系統上的資料夾操作，才總算讓即時同步的概念容易理解，形成流暢的使用體驗。沒有新的介面需要學習，也沒有新的畫面需要摸索。在早已熟悉的現有環境下操作，終究比任何新的應用程式容易上手，即使該應用程式怎麼簡便或美觀都比不上。

那麼，創造和改進自家產品時，我們應該如何看待「隱形設計」？這個概念可以拆解成三個簡單的原則：

1. **不要太早限制解決方案的走向**。確立新產品時，人們普遍會先考量技術限制，或者先入為主，替最終的解決辦法描繪出應有的輪廓。其實，這都會阻礙真正的創新。一旦說出「我們需要的應用程式應該要能……」，等於自動假設應用程式是最理想的解決辦法，但說不定根本不是。相反地，你應該從「前幾個原則」開始著手，這也是電動車品牌Tesla共同創辦人伊隆‧馬斯克（Elon Musk）的建議。不妨問問自己，要是沒有任何限制，哪些事情必須先實現，最終的問題才能解決。接著再以此為基礎，反推找出較實際的解決方案。

2. **減少需要的步驟**。盡可能刪減規則、不必要的選擇和多餘選項。洋洋灑灑列出二十項動作的選單自然比只有兩種動作的功能表更難使用，因為閱讀、處理二十種選擇並從

中決定合適動作，大腦需要更多時間消化處理。同樣地，如果郵差送來的包裹封裝得很徹底，你必須起身拿把剪刀、剪開外包裝，拿出煩人的泡泡粒或保麗龍，比起簡單易拆的包裝方式，沒有多餘的填充料需要清除，前者需要費上一番工夫才能拿到商品。

3. **找機會沿用人們熟悉的模式或思維**。舉例來說，如果你打算為應用程式設計一套操作手勢，參考真實世界的規則可讓該系統更容易懂。要是往上撥動可以開啟物件，那麼向下撥動應該要能關閉，而且理想上，所有類似物件都要套用這個規則。同樣地，如果你要設計一個編輯介面，應避免勞煩使用者在充斥各種輸入方塊的「編輯」模式與「發布」模式之間切換，以預覽顯示效果。真實世界中，編輯應盡可能呈現一種直接操控的感覺，讓使用者不必煩惱不同操作模式之間的差異。

———ᴥ———

設計不只是我們眼睛看見的效果，也不再是手指觸摸平面螢幕這麼簡單。未來，設計的重心將逐漸超脫個別物品，日益強調持續不斷的體驗。這跟餐飲業是一樣的道理。成功的餐廳不僅擁有美味的菜色，還有絕佳的裝潢、擺

設、服務、飲品和動線，這些因素全部結合在一起，才能造就令人難忘的用餐體驗。產品要成功，不只需要考慮外觀甚至功能，產品本身能夠提供的體驗才是關鍵。不久之後，利用聲音完成工作將會比透過螢幕打字來得簡便。不久之後，智慧型系統將會臻至完美，其流暢無瑕的使用體驗，勢必能為我們省去應付旁枝末節的麻煩。

若把使用體驗分成可見與無形兩種層面，但願前者永遠擁有美觀的外表，展現最高水準的精湛工藝；而後者則能秉持簡約精神，彷彿魔術般發揮最大功效。

卓裘莉

率領主要負責Facebook使用者互動與核心體驗的設計團隊，包括動態消息、內容探索和行動應用程式。二〇〇六年進入Facebook工作，在她的協助下，服務使用者總數順利突破十億。另外，她也在網誌平台Medium撰寫設計和產品開發的相關文章。

→ www.medium.com/@joulee

關鍵重點

—

創造產品

・解決辦法就在問題中

開發產品時，別太早限制解決方案的樣貌。排除限制，
專注於研究問題，並從「前幾個原則」開始著手。

・從一小群人的需求出發

專心創造一小群人真心喜歡的優質產品。先做到這點，
再進一步思考如何拓展產品種類。

・關注第一次使用產品的人

將焦點放在首次使用產品的人的身上，據此改進產品。
想像你有十五秒鐘（或更短）的時間說服他們，讓他們
開始信任產品。

・為使用者著想

設計產品時，試著使用為人熟知的隱喻，而不是另外發
明，讓使用者能輕易了解產品的運作方式。

・失敗是學習的契機

盡早開始實驗及釋出產品原型（或試用版）。如果不反
覆調整產品、面對失敗，就無法學習。

・觀察實際使用成效

及早將初期產品交到使用者的手上。觀察他們如何使用，
再根據你的觀察調整產品。

—

CHAPTER THREE

服務
顧客

—

如何打造理想的客服程序，
讓顧客願意使用、用心體驗，最後對產品感到滿意。

既然產品出來了，現在的問題是：顧客會買單嗎？電子商務與社群網路的興起，讓顧客得以更輕鬆地尋找產品或服務，但同時也讓他們更容易提出異議。

以往品牌推廣產品和傳遞訊息的形式，本質上都屬於單向說明，不過社群網路出現後，形勢儼然已經變成雙向對話。

這帶來的影響涵蓋多重面向。這代表我們必須塑造更扣人心弦的故事，才能真正建立情感連結，脫穎而出。這代表我們必須拉近與顧客的距離，入境隨俗，真誠以對，犯錯時不能躲避。這代表我們不僅需要幫助顧客，更要激勵他們。

然而，無論這個世界多麼瞬息萬變，有些事情永遠不會變。建立關係需要時間，就是恆久不變的道理之一。信任和忠誠不會憑空出現，必須用心經營、日積月累，一次又一次不斷提供愉悅的使用體驗，最後才能贏得顧客的心。

因此，真正的問題其實不是「顧客會買單嗎？」而是「你準備好服務大眾了嗎？」

募集盟友

—

克里斯・古利博（Chris Guillebeau）

勸募的部落格文章倏地出現在版面上，毫無前兆。文中沒有廣告宣傳，也不極力挑起讀者的罪惡感，只簡單說出衣索比亞需要乾淨飲水的事實。鼓勵參與的文字到了文末才出現，邀請讀者一同改變世界。不到一天，兩萬兩千美元捐款湧入，而這全因一篇文章。

還有一次，某個商業服務上市的消息發布在相同的社群中。光是宣布上市的那篇文章和電子郵件宣傳，就立即帶來十萬美元的收入，這是相對少數的群眾在一天之內對於單一產品的迴響。

第一個宣傳活動開始後，我在阿拉斯加最大的城市安克拉治全程觀察，後者發生時，我正在Amtrak列車上橫越美國中西部。不管哪一次，當我看著筆電上的數字不斷成長，總是感到無比驚喜。這是怎麼辦到的？

你可能認為，這兩個案例都牽涉到不尋常的情況才得以成功。或許文章廣而流傳，從大型科技網站吸引了大量外部訪客，但事實並非如此。兩個案例中，無論捐款、銷售和宣傳都出自一小群人的功勞。事件訊息能夠有效傳遞，是因為感同身受的個別讀者廣泛分享。

讀者不是一看見部落格文章或電子郵件，信任感就油然而生，這必須經過好幾年的關係培養，才能在宣傳活動中爆發能量。真正需要募款或銷售產品的時候，才能輕而易舉地激發長久累積的信任感，邀請大家共襄盛舉。

這就是「小眾」的力量，他們為數不多，但都是願意慷慨支援的盟友。速度比子彈還快，產生的力量比歐鐵火車頭還強，效果比任何付費廣告還好。這群盟友是你最珍貴的資產，值得用心經營。如果你的事業剛起步，不曉得重心應該放在何處，答案很簡單：全力募集並服務這些人。

第一步：邀請盟軍加入你的行列

軍隊不會無故成形，也不會自動自發集結。要爭取盟友和大眾的關注，最重要的關鍵在於你的行為必須有目共

睹。挺身而出,做件真正重要的事!接著,明確表示你歡迎有志一同的夥伴加入。塑造理念,讓他們有個可以相信的目標,使他們有理由在乎你的任務。

在傳統軍隊中,士兵必須聽從指揮官的命令,階級制度相當嚴謹分明。但你雖然身為總指揮,你的工作反而是服務所有自願加入行列的盟友。每天開始工作前,別忘了問自己以下兩個問題:

1. 我要提供的產品是什麼?
2. 我要幫助的對象是誰?

回答這些問題(不論是文字或實際行為),對持續關心盟友及給予資訊來說可是至關重要。過去五年來,我跑遍世界各地,認識不少認同生命應該跳脫傳統、力求多元的朋友。這段期間,我聽到他們許多精采故事,深受鼓舞。這是一場持續不斷的溝通和聯繫,而共同理念所產生的歸屬感就是維持此一循環的動力。

第二步:為你的盟軍服務

幾年前,我聽到有人說,「我的行銷計畫就是有策略地付出」,從那時開始,這句話便深烙在我的腦海中。那個人是梅根・杭特(Megan Hunt),部落客和時尚設計師,她

在事業發展上的主要策略奠基於其他部落客的口耳相傳，建立優良口碑。她時常免費贈送產品，藉此爭取他人為產品背書。這麼做的收穫，遠大於出清產品又不需開發票。

若能正視你為他人做的貢獻，而非只關注別人可以為你帶來的好處，你不只扮演了好人的角色，同時也在培養一群忠誠的盟軍。

忠誠就像男女感情一樣，無法只靠一次聊天或交易就建立起來。相反地，這需要時間慢慢培養。建立忠誠度的極佳方法之一，是利用一連串的行為證明自己值得相信，反覆透過一些小事為他人的生活帶來正面影響。以下舉幾個例子：

- **定期向社群貢獻專業服務**。身兼商業顧問與作家兩種身分的潘蜜拉・史蘭（Pamela Slim）每個月舉辦「你問我答」電話諮詢活動。她也提供付費電話諮商服務，但每月定期的公開諮詢讓她得以透過較不拘謹的管道與聽眾互動。這讓廣泛大眾開始信任她的專業，而且毫無疑問地，也帶動了付費諮商的詢問度。但不只有獨資創業者可以這麼做，大小企業都有不同領域的專業可以與大眾免費共享。
- **利用不同管道與使用者分享付費內容**。舉例來說，TED演講入場券要價不斐（而且必須先獲得邀請才能購買），但TED會在活動結束後把演講內容發布到網

路上，供大眾免費收看。這種免費分享演講的做法可以不斷提升品牌知名度，最後更刺激現場活動門票的需求。

- **看看生活中有誰需要幫助，可以的話大方伸出援手。** 心存疑慮的時候，問問自己可以幫得上什麼忙。一年前，我開始一項實驗，時常上網（通常是Twitter）詢問網友「我可以幫上什麼忙？」每次丟出這個問題，我總是收到各式各樣的答覆。有些很蠢或不合常理，但我因此更加認識與我互動的網友。這不是學術研究。在每一次的實驗中，我總是嘗試做點什麼，實際幫助某個網友。

互惠是一種力量強大的行為。付出越多，你與盟軍之間的聯結越緊密。即使有些東西無法銷售或租借，也要努力不斷增加你對他人的貢獻。等到宣傳產品的時機真正到來，就能順利出售或要求較高的價格，到時你會收到眾多善意回報。

———〰〰〰———

回顧我們還在使用撥接上網的年代，多半只有地方型社群。如果你想與世界另一端的人聯繫，選擇很有限。這些年來，世界無疑已經不可同日而語。現在你可以和世界各地

的人聯絡，不受地域限制。你可以在共同利益的基礎上建立社群，以此為基地回饋社會、創造利潤，或是追求更偉大的任務，兩者兼顧。關鍵在於傳達一貫的理念，為人們的生活帶來真正的改變，並服務加入你行列的群眾。

你和這群人的關係最重要。就像募得兩萬兩千美元的部落格文章，或是帶來十萬美元收入的產品上市活動一樣，成功必須以建立信任和創造價值為根基。如果能把這群盟友視為日常工作的重心，回報勢必隨之而來。

克里斯・古利博

《追求幸福》（*The Happiness of Pursuit*）《3000美元開始的自主人生》等書作者，榮獲《紐約時報》評選為暢銷作家之一。二〇〇二年到二〇一三年期間，他走遍世界各國，總共去了193個國家。部落格「不聽話的藝術」（Art of Non-Conformity）是他分享生活、工作和旅遊的地方。

→ www.chrisguillebeau.com

顧客至上。

用心發明，耐心等候。

—— 亞馬遜創始人　傑夫・貝佐斯（JEFF BEZOS）

以同為人類的立場做事
（與傾聽）

—

西恩・布蘭達（Sean Blanda）

　　回想你曾遇過的客服人員。他們的語氣呆板，毫無生氣，對待你的態度彷彿你只是臺提款機，不是有血有肉的人類。技術支援人員照本宣科，要你重新啟動電腦；航空公司地勤人員雙手一攤，無奈地說「我也沒辦法」；政府行政人員拒絕處理你的問題，除非你先填好所有表格。或許你走投無路，不得已必須和態度不佳的公司打交道。這些公司通常很快就被市場淘汰，原因顯而易見。

當下他們時常忘記，站在眼前的人是他們能有一份工作的原因，因此平心靜氣地傾聽、設法解決對方的問題才是他們的首要之務。

你的顧客需要花上好幾小時工作，犧牲與親朋好友相處的時間，才能辛苦賺得足夠的薪水。他們選擇撥出部分薪水支付給你（一個永遠不會認識的陌生人），只因為他們喜歡你提供的產品或服務。在他們心中，這場交易很值得。

那你的職責呢？建立與顧客之間的信任與尊重，使其願意做出有利於你的決定，並持續不斷地鞏固這段關係。這不是一件簡單的事。我們聽過太多人的親身經歷，但他們談起這個漫長而艱難（但獲益匪淺）的過程時總是輕描淡寫地帶過，只強調事業蓬勃發展的結果，因而讓大眾對創業產生迷思：募集資金、大把鈔票入袋，然後卸下經營重擔，拿著雞尾酒到沙灘上悠閒享受人生。

從最終成果的角度思考創業不僅少了許多樂趣，還是很糟糕的經營策略。想要創立一番永續事業，首要課題是將對顧客的尊重轉化為至高無上的價值，而且很多時候，你需要採取短期內（至少在初期）看似不太合理的做法，才能達成這個目標。

拉長戰線

購物網站亞馬遜（Amazon）也許是當代最重視顧客的

典範。對顧客來說，亞馬遜最為人津津樂道的特色在於實惠的價格和親民的配送政策；但對華爾街而言，這是一家不願賺大錢的公司。為什麼？因為這家企業動用所有現金壓低商品價格、擴充基礎設施，以及研發能讓顧客開心的長期專案，例如電子閱讀裝置Kindle。

一九九七年，執行長傑夫·貝佐斯在給股東的信中清楚說到他的經營策略：「我們將繼續以顧客為重心，不遺餘力。我們將繼續以成為市場領導廠商為長期目標制定投資計畫，近期獲利或華爾街的短期評價並非我們的考量。」

亞馬遜花了四年（在企業草創初期，這感覺有如一個世紀之久），才將業務版圖拓展到書籍以外的領域，並推出「隨點即買」等創舉，以及設立物流中心以加快配送速度。換句話說，在規模開始成長之前，亞馬遜的營運核心一直在於傾聽、取悅顧客，花了很長一段時間才步上正軌。二〇一三年，《彭博商業周刊》的報導寫道：「投資人鬆了口氣，終於目睹公司比其他電子商務企業成長得更快。」

話說回來，亞馬遜最後能夠展現驚人的發展力道，飛速成長，主要原因還是在於一開始就全心建立完美的顧客使用體驗。

抱持小本生意的心態做起

民宿網站Airbnb幾乎是個家喻戶曉的名字，更不用提

「共享經濟」這個推波助瀾的關鍵要素了。不過，這家公司的發展並非一路順遂。

早在二○○九年，這家企業一度陷入空轉的困境。他們的創業理念是讓所有人可以將空房或公寓出租，物盡其用。這類平臺屬於俗稱的「雙邊市場」，需要大量的買方（房客）和賣方（房東）支撐才能成功，但問題就在顧客遲遲不上門。共同創始人喬‧傑比亞（Joe Gebbia）形容，當時Airbnb的網站流量簡直就是「分析界的美國中西部，一片平坦」。

這家位於洛杉磯山谷區的新創企業隸屬於Y Combinator，這是美國大型創投公司之一。換句話說，年輕的創始人什麼經驗都沒有，一心效法現代企業文化的「快速擴張」精神。根據傑比亞的說法，顧問保羅‧葛拉漢提出幾點建議，雖然與直覺做法背道而馳，但那的確是公司的轉捩點。他鼓勵他們「抱持小本生意的心態做起」。

葛拉漢的思考邏輯是，Airbnb必須先為前幾名顧客提供完美的服務，後續才有成長的可能。為了完成這項任務，傑比亞和另一位創始人布萊恩‧切斯基（Brian Chesky）決定踏出家門，和顧客一樣體驗自家產品。他們開始住進從Airbnb找到的出租民宿，每到一座城市就與網站的使用者見面，因此認識了早期的使用者，了解他們真正的需求。

他們也從過程中獲得不少樂趣。切斯基說：「我住過舊金山頂尖空氣吉他手的家，他在美國滾球遊戲大賽中也曾

奪下第二名。」從實際體驗中，他們得知如何改善顧客生活的第一手資訊，再回過頭審視網站上的住宿選擇。

「我們逐一和社群成員見面，從他們的分享中了解哪些地方行不通，然後瘋狂調整。」傑比亞說。成效如何？截至二〇一四年，該服務已涵蓋三萬五千座城市，且有一千一百萬名旅客實際使用，企業市值更達一百億美元。

解決問題癥結

當然，就算不是成立科技公司，也能採取顧客至上的思維。美國券商嘉信理財（Charles Schwab）就是一例，數十年來，他們一直在銀行和投資產業默默創新。

嘉信理財沒有實體辦事處，也沒有裝潢氣派的大廳迎接你上門開戶。這家公司反其道而行，選擇將資金投注在打造優質服務。他們是第一家全天候提供電話股票報價的證券商；他們也提供可用來退款的金融提款卡，不管你的帳戶存了十塊或一萬元都能申請使用。撥電話給客服時，不必在各分機之間轉來轉去，而是由真正的服務人員直接提供諮詢。客服人員接起電話時，會主動告知駐點位置（「您好，我是明尼蘇達的麥可」），你不需要面對外包的客服人員和奇怪的英文拼音名字。

嘉信理財解決了客戶真正在意的問題。他們沒有把利潤擺中間，棄客服於不顧，反而相信優質的客服能帶來豐碩

的收益，因而做出與同業相反的決策。

—〰—

千萬別把顧客簡化成網頁點閱率的數字，或是預算書上的金額，他們都能感受得到。亞馬遜成功地讓顧客的生活更加便利、輕鬆，因此顧客大量回流；Airbnb傾聽每個顧客的使用感想，將他們的意見牢記在心，所以事業蒸蒸日上，快速發展；嘉信理財找出所有客戶討厭銀行業的地方（隱藏費用），果斷消除為人詬病的陋習。

以人為本的思考不僅是很棒的策略，而且更有趣。沒人想要創業後只是單獨坐在房間中，盯著電腦螢幕度過一天。我們會創業，就是希望改善周圍所有人的生活，或是讓生活更加便利輕鬆（並從中賺取微薄利潤）。

若能推出你相信能讓世界更美好的新產品或服務，然後邀請顧客協助你提升品質，沒有什麼比這更令人滿足的了。至今我還沒遇過任何企業家選擇閉門造車，從不聽取他人意見就能成功。

每次有人在你的網站上停留或購買你的產品，等同於他們主動舉手，告訴你他們在乎你所做的事。適時回饋才是明智之舉。傾聽顧客的心聲，不管工作進度是否會因此拖慢，也應在所不惜。

西恩‧布蘭達

99U總編輯。他時常撰文討論職涯的未來發展，尤其關心年輕人的處境。此外，他也是費城科技週（Philly Tech Week）與網站Technical.ly的創辦人，這個由新聞網站組成的網絡可提供美國東岸科技社群的所有資訊。據說西恩喜歡在Twitter上與網友討論各種話題。

→ 立即上Twitter關注他：SeanBlanda

給予關注，是慷
慨最稀有、純粹
的表現。

—— 法國哲學家　西蒙娜·薇依（SIMONE WEIL）

Q&A:

在每個環節中
注入信心

—

與談人：尼爾·布魯門薩爾（*Neil Blumenthal*）

　　創立於二○一○年的眼鏡潮流品牌Warby Parker，從上市第一天就佳評如潮。品牌一推出，便引來《*Vogue*》和《*GQ*》撰文評價，幾個星期內，最熱門的十五款眼鏡銷售一空，甚至還有超過兩萬名顧客排隊等貨。他們募得的資金超過一億美元，員工數一路成長到三百名以上，之後更在紐約、洛杉磯和波士頓開設實體店面，社群網站上的熱烈討論更是不在話下。我們與共同創辦人暨執行長尼爾·布魯門薩爾聊聊，請他分享Warby Parker

造成轟動的祕訣，以及在每個環節增強顧客信心的策略。

Q：品牌試著與顧客建立真誠的關係時，你認為哪些環節容易出錯？

A：近年來，社會大眾對於品質低下的產品相當敏感。從學走路和講話開始，我們便從生活中接觸各式各樣的廣告，所以我們可以輕易辨別品牌的用心程度，一眼看穿虛假的形象包裝。品牌唯有透明化，才能博取顧客的信任。品牌永遠無法控制顧客對他們的評價，而在網路世代中，顧客更能暢所欲言，分享他們的使用感想。企業一旦犯錯或做出錯誤決策，全世界馬上就會知道。萬一不幸發生這種事情，而你又不主動回應、處理，只會把自己逼進更難翻身的絕境。

Q：萬一發生錯誤，什麼才是「主動面對」最好的做法？

A：我覺得還是透明化的老問題。第一件要做的事是勇敢承認。解釋事情的經過，然後道歉。如果你能讓顧客了解

實際情形，他們就能理解你的處境，換句話說，你必須和他們開誠布公地討論，犯錯時坦然承擔。

例如，不妨回想你打電話給手機電信商的情景（笑）。以前，他們通常會無禮對待，而且無法幫你解決問題。現在，他們雖然較有禮貌，但問題依然無法解決。不管怎樣，他們已經稍微進步，但在跟他們通完電話之後，你還是很想把電話摔到地上。

保持禮貌和親切的態度、必要時道歉，都是很好的做法。不過這只是第一時間的因應方法，接下來你必須真正改善狀況才行。舉我們的例子來說，這可能是提供折扣，或許是提供免費眼鏡，也可能是在當事人出遠門度假之前，想辦法給他一副眼鏡。要提升品牌形象，靠的就是這些小細節。在細節上嚴加把關，保持對顧客需求的敏感度，並從有利於品牌的角度做出回應。這聽起來都是理所當然的道理，但實際上，許多品牌希望顧客報以迴響，但卻未能以相對的方式對待顧客。

Q：現今社群網路蓬勃發展，你認為顧客和品牌之間的相互影響會比過去更顯著嗎？品牌還能單方面主導兩者之間的互動嗎？

A：前幾天我才跟投資人特洛伊・卡特（Troy Carter）聊天，這位女神卡卡的前經紀人發現很有趣的一點。那時我們正好聊到Warby Parker，他說：「這不是你獨有的品牌，這是我們的品牌。」他說的「我們」是指社會大眾，我認同他的說法：你不再能控制品牌了。你可以影響品牌，引導大眾對於品牌的看法，至於你能憑一己之力給予品牌多少定義，其實有限。

以往我們認為，品牌必定會依照精美簡報上的規畫發展，品牌和訊息架構嚴謹清晰，但這種想法已經過時。如今，你的品牌存活在大街小巷的聊天談笑中、Twitter的貼文討論中，以及Instagram的照片迴響中。而你能做的最大限度，就是讓人們有理由讚賞品牌，從這裡去影響大眾談論品牌的風向。現在這個時代，社群經理等同於品牌經理。

Q：你極力為客服團隊灌輸哪些價值觀？

A：首先必須要有同理心，而且了解友善的重要，要對顧客超級友善才行。當然，我們不是現在才教他們如何友善對待顧客，面試階段就必須試著發掘這項特質。不過，如何以友善態度為傲，以及如何將棘手的狀況視為挑戰，你又願意全力解決問題，讓自己和顧客皆大歡喜，則是可以透過訓練教導員工。概括來說，就是把顧客的負面評價轉變成正面

體驗，並且以此為傲。

Q：你曾說過，卓越的客戶服務必須在每個環節「激發信心」。從策略面來說，Warby Parker如何實現這個理想？

A：我覺得重點在於真正了解顧客，以及他們做決定的方法。以買眼鏡為例，我們發現消費者最在意眼鏡戴起來好不好看，接著依序是價格、品質和客服，最後才是企業的社會使命。只要觀察一下我們品牌所傳遞的訊息架構，會發現我們首重時尚，然後依序強調價格、服務，最後才是我們的社會使命。我們的品牌宗旨相當強烈鮮明，對我們極具激勵效果，但我們發現，這無助於消費者購買任何眼鏡。

所以，我覺得真正的問題是：你要如何在銷售過程中不斷提升顧客信心，說服他們這是正確的決定？就拿Apple來說吧，他們的行銷策略正是在每個環節激發顧客的信心。如果你上他們的網站，你會不禁覺得「哇，不管從X、Y、Z哪個角度來說，這都是世界上最棒的產品。」又例如，當你收到iPhone、準備從包裝盒中拿出來時，你會發現手機不是塞在盒子裡，要拿出來很容易，但手機又不會輕易掉出來。實際上比較像是手機輕柔滑到你的手上，速度不快不慢剛剛好。你或許不會意識到，但這整個過程讓你信心加倍，

認定這會是很棒的產品。

Warby Parker總是想辦法提升顧客信心。打造漂亮的網站、提供完美的購物體驗絕對是不可或缺的要素。網站要迅速流暢，容易使用，但除此之外，還有其他許多值得經營的地方。

以我們自身為例，提供免費配送和退貨服務就是一種方法。當然，顧客會發現這能幫他省錢，但我們希望這也能傳達一個訊息：我們對產品有信心，相信你一定會喜歡。因此，免費運送和退貨服務對我們其實也有好處——你根本不需要退回眼鏡。

尼爾‧布魯門薩爾

樂於助人。他是時尚品牌Warby Parker的共同創始人兼執行長，以革命性的價格銷售時尚眼鏡，自勉隨時保有社會責任意識。每賣出一副眼鏡，會同時捐一副給有需要的人。

→ www.warbyparker.com

一個人展現對某事物的興趣時，就會是有趣的人。

—— 美國演員　愛咪‧波勒（AMY POEHLER）

邀請顧客進入
你的故事

—

克雷格・道頓（Craig Dalton）

　　你曾花時間向朋友推薦產品、為產品寫評價，或是在Twitter或Facebook上分享產品嗎？不是在客服性質的回覆中讚賞產品，而是自發性地稱讚你喜歡的產品或服務。曾跟朋友圈分享品牌背後的故事，還是你為什麼在乎嗎？當然，要在社交媒體上公開表達你對某種產品的熱愛一點也不困難，但當下是什麼原因促使你這麼做？

　　答案很簡單，就是自古以來驅使人類進步的那股力量：故事。不管是企業家或創作者，他們都逐漸領悟到，產

品不僅止於製造原料和本身的設計而已。在最理想的情況下，我們喜愛的產品會成爲生活的一部分，成爲我們自我勉勵的故事，如此我們才能以更聰明的方法工作、做更偉大的夢、讓世界更美好。這些故事會激發情感連結，到時自然會形成一個社群，裡面的成員踴躍分享意見、全心投入討論，而且忠誠度很高。

你會驚訝地發現這個社群擁有強大的力量。他們可以協助你宣傳公司、幾乎在第一時間提供產品使用心得，甚至開始幫助社群中的其他成員。戶外服飾品牌Patagonia印證過，智慧居家設備製造商Nest親身體會過。我的公司也曾經歷這個過程，當然你的公司也可以。

好故事可以鼓舞人心

自一九七三年由登山家伊凡・修納德（Yvon Chouinard）創立以來，Patagonia成功利用故事的力量，成爲知名戶外運動裝備與服飾品牌。雖然Patagonia以攀岩和登山用品起家，但大多數顧客對於這些戶外活動還是很陌生。他們不認識登山界泰斗湯米・卡德威爾（Tommy Caldwell）和琳恩・希爾（Lynn Hill），一輩子可能不會爬上某座山頭。

但這無傷大雅，因爲Patagonia的目標在於激發我們的雄心壯志，鼓勵我們堅持個人夢想，例如環遊世界、挑戰極限、完成意想不到的不可能任務。Patagonia在行銷上貼切地

運用壯觀的戶外攝影，從他們遠近馳名的行銷手法來看，不難得知該品牌的訴求其實就是我們對於冒險和成就感的渴望。

這個品牌不僅鼓勵我們做得更多，還要做得更好。Patagonia開創首例，在一九八五年推動「捐1%給地球」計畫，從獲利中捐出固定比例的款項回饋環境保護。另外，他們也在一九九三年啓用「消費後回收再生」生產線，利用回收的塑膠瓶製造聚酯纖維，成爲產業先驅。

對這家公司來說，無論夾克的製造方法，還是你設想穿上後可能實踐的事，都會自然成爲產品體驗的一部分。換言之，產品早就內建了故事與情感連結。

問問自己：你要如何鎖定目標顧客的抱負和夢想，準確提出產品訴求？

好故事可以顛覆思維

接下來談談「智慧居家」公司Nest，這是Google在二○一四年以三十二億收購的企業。該公司在二○一一年推出智慧溫控裝置之前，你最近一次思考暖氣系統的「設計」是什麼時候？如果能夠遠距遙控，又能爲生活帶來多大便利？你大概從來沒有想過。

Nest共同創辦人暨執行長湯尼‧費德爾（Tony Fadell）

利用他在Apple擔任工業設計團隊要角的機會充分學習，並將學習成果運用至乏人問津的居家產品上。不論是Nest智慧溫控裝置或Protect煙霧警報器，都具有簡約而精緻的設計，讓原本備受忽視的裝置搖身變成搶手的居家必備品。

不僅如此，他們更完全顛覆我們對這些產品的看法，帶領我們認識自己真正的需求。透過溫控裝置，Nest提出一種能夠記憶我們使用暖通空調習慣的解決方案，告訴我們如何更聰明地管理居家環境及節省開銷。至於煙霧警報器，Nest則徹底體現「安全不應造成不便」的理念。如果新科技能讓我們輕鬆揮一下手就關掉警報器，我們為何還要大費周章地高舉掃把，在煙霧警報器前面揮來擺去？這些產品讓我們與居家環境緊密結合，而且大膽採取了同業認為行不通的模式。Nest能夠成功，是因為他們從不一樣的角度思考。

－

問問自己：我的產品會如何改變人們的思維，或是如何融入日常生活？

好故事可以引起話題

一談到故事，我們通常會想到兼具起承轉合的劇情。但在現今這個人際交流極為密集的世界，你的故事最後不能只停在標語。如果你想真正抓住目標顧客的心，必須設法讓他們全心投入。換言之，你必須讓他們參與品牌相關的話題

熱潮。

我會這麼說，是因為我自己的公司DODOcase親身經歷過這一切。我們在二〇一〇年創立公司，主打「妥善保護以免絕跡」（Protects from Extinction）的概念標語，那天首代Apple iPad正好問世。我們相信，隨著消費者日漸接受電子書與平板電腦，傳統書籍勢必會面臨謝幕的命運。因此，我們採用傳統製書材質和技術，找來舊金山裝訂書籍的師傅，共同設計了一款平板電腦保護套。

那麼，我們的名稱又是怎麼回事？我們想取一個容易記的名字，古怪中帶點寓意。我們希望這個名字能夠引起消費者的注目，即使他們完全不知道我們賣的產品，也能產生一些興趣。最終我們決定使用DODOcase這個名稱，向不會飛的嘟嘟鳥致敬。我們發現，大部分人都聽過嘟嘟鳥，但大多記不得為什麼。少數人記得這是講到絕種鳥類最常舉的例子。（補充一個事實：根據船隻在模里西斯觸礁的荷蘭水手所記載，世界上最後一隻嘟嘟鳥出現在一六六二年。）這個品牌名稱代表我們保護書籍裝訂工藝的渴望，除了保存傳統，也保護你新買的iPad。

由於我們幾乎以零資本的方式創業，因此從一開始我們就知道，我們的所有作為都必須與故事結合。我們希望發揚舊金山的工藝產業，對製作我們所有產品的工匠表達誠摯的感謝，並與他們建立緊密連結。不僅如此，我們也希望（甚至需要）顧客抱持同樣的感激之情。

剛創業的前六個月，如果你想買DODOcase保護套，必須等上六個星期才能拿到，因爲相較於我們引發的市場需求，我們的生產資源仍只有小規模。我們的產品在舊金山當地生產，意謂成本也會比較高。在現今注重快速出貨的業界生態中，我們反而要顧客耐心等上一個多月，他們才能爲心愛的iPad穿上保護套，而且產品的製作成本也比部分競爭廠商更高。

　　可是，事情竟有出乎意料的發展，皆大歡喜。正當我們把所有心力都花在裝訂和拋光竹製托盤，以求盡快出貨之際，一件神奇的事情在網路上發生了。顧客在等待的過程中開始聊起我們。他們下單時，會在Twitter上發布推文；收到我們寄出的產品進度通知時，他們會再發布一則推文；終於拿到產品時，他們甚至貼出照片大方分享。他們願意耐心等待，是因爲我們邀請他們參與漫長的製作過程。

　　對於這個現象，我們每天都在推波助瀾。這一點也不難，而且完全免費。看見合夥人派翠克扛著竹板、滿頭木屑時，我幫他拍一張照片，同步發布到Twitter和Facebook。準備將一疊保護套裝箱運送時，我會拍張照片貼上網。顧客越貼近我們的生產過程，他們似乎就越愛我們。在人際網絡龐大而複雜的今天，愛是關係保溫的祕訣。

—

　　問問自己：你要如何與顧客分享更多產品背後的生產過程？這可以是好的、壞的，甚至醜陋的一面，只要眞實不

造假，就很值得分享。

克雷格・道頓

DODOcase執行長兼共同創辦人。他也是SF Made網站的創立成員，致力推廣在地製造，是美國深耕該領域的代表人物。他的Twitter帳號是「one1speed」。

→ www.dodocase.com

不斷、不斷
給予，再開
口要求。

—— 企業家　蓋瑞·范納洽（GARY VAYNERCHUK）

重視「善意 小舉動」

—

申恩・史諾（*Shane Snow*）

　　「雖然每天過日子，但生命真正的意義其實很容易錯過。」亞麗安娜・哈芬頓（Arianna Huffington）在《成長茁壯》（*Thrive*）一書中寫道：「關於人生，我們無緣親耳聽見的悼文最為貼切。」悼文內容或許會提到某人當上副總裁，或是犧牲小孩打少棒比賽的親子時光，只為了再核對一次預算書金額。我最喜歡的是這一句：「她每天晚上親自回覆電子信箱中的每一封信。」

　　「你不會聽到『喬治讓公司的市占率增加到百分之

三十』這種悼辭。」哈芬頓在紐約市Soho House俱樂部最近一次的活動中說到，悼文中只會有「善意小舉動」的故事。

注重細節可將藝術推上更高境界，這是眾所皆知的道理。光是選字的些微差異，就足以區隔傑出詩作與業餘作品；精緻的裝飾可在建築上發揮畫龍點睛之效；審慎處理局部細節，便能造就世界級商品。（「賈伯斯花上好幾天的時間，只為了雕琢邊角的弧度。」華特‧艾薩克森（Walter Isaacson）在《賈伯斯傳》的〈蘋果二號〉一章中這麼描述。）

我認為，建立偉大事業也適用相同的道理。就公司與顧客之間的互動來說，所謂的微小細節，不外乎是把人的重要性擺在獲利之前，微妙的是，這樣反而能創造龐大收益。華頓商學院教授亞當‧格蘭特（Adam Grant）在他關於職場「給予者」與「索取者」的研究中，便是討論這套思維。《給予》（Give and Take）一書的多篇研究如今已備受矚目，格蘭特在這些文章中指出，職場上的佼佼者通常都是無私奉獻、不求回報的人。無獨有偶，寶僑前全球行銷主管吉姆‧斯坦格爾（Jim Stengel）的研究顯示，這套做法在企業界也行得通。他研究五萬個品牌在過去十年中的行銷成果，而後在文章中寫道：「致力改善人們生活的企業往往能擊敗競爭對手，脫穎而出。」

哈芬頓在《成長茁壯》中指出，長久以來，權力與財富一直是衡量成功的主流標準，但她認為，一個人的成就應該以四種新的指標重新定義：智慧、好奇心、健康及無私付出。如果能從悼文中領悟什麼哲理，「無私付出」或許是這四項指標中，最能流芳百世的特質。

　　「我們可能會以為『給予者』的頭銜只配用來形容德蕾莎修女或甘地那種萬眾矚目的人物，但其實給予者並不需要做出什麼偉大犧牲。」格蘭特在《給予》中寫道：「只需努力促進他人的利益即可。」

　　最近我從購物中（其實只是購買刺青貼紙）親身體會了給予哲學。一番搜尋後，我找到一個名叫Tattly的網站，這個由設計師蒂娜・艾森伯格（Tina Roth Eisenberg，「瑞士小姐」是她廣為人知的暱稱）成立的網站專門販售繽紛的刺青貼紙。我將尋找多時的兩張狐狸刺青（別問我為什麼要找這麼奇怪的東西）放入購物車，然後結帳離開。

　　幾天後，我收到Tattly寄來的信封，但裡面不只裝著兩張刺青貼紙，而是四張：兩張狐狸，兩張其他圖案。起初，我以為自己好運遇上出貨錯誤，但仔細確認後，我才發現這是Tattly送給每一個顧客的免費贈品。我問艾森伯格為何這麼做，她回答說：「從一開始，我們就在每筆訂單中多送幾張貼紙。這個簡單的舉動可讓消費者心情愉悅。」

　　在每筆訂單中免費贈送兩張刺青貼紙，多出來的額外

成本微不足道。貼紙本身的材料費不過美金幾分，運費維持不變（刺青貼紙不會重到哪裡去），勞力成本也是微乎其微。但是，顧客往往會因此而再度光臨。即使你不想要額外贈送的貼紙，但Tattly大方給予的行為，卻會讓你對這家公司產生好感。

免費的刺青貼紙不只是Tattly的貼心舉動，而是他們經營哲學的具體表現。「我希望把自己喜歡的東西賣給和我一樣喜歡的人。」艾森伯格說道。「我希望看見顧客的笑容。」她在公司網站的「關於我們」網頁最下方寫了一行字：「對了，你今天看起來很棒！」艾森伯格說：「偶爾會有人發電子郵件或推特給我們，說他看見這行字後忍不住笑了。」Tattly寄送產品的信封用貼紙裝飾，並貼上真正的郵票，與列印出來的制式信封截然不同。「常見問題」的頁面甚至出其不意地回答了「北斗七星距離地球多遠？」這個問題。最近，艾森伯格重新設計了Tattly的發票，讓寄出的發票既漂亮又不失趣味。她說：「大多數人甚至不會想到要設計發票，但我覺得這很重要，這是和顧客溝通的另一種方法。」

在部分商務人士眼中，這些微不足道的想法可能會稍微影響工作效率，但對Tattly來說，這是在投資顧客。開幕兩年半後，Tattly團隊人數增加至十人，其四百種設計供應服飾品牌J.Crew、Urban Outfitters和現代美術館禮品店的需求。另外，像GE、Twitter和NPR等企業組織也向Tattly購買

數以千計的客製刺青貼紙。

我觀察其他成長快速、使用者需求旺盛的公司，發現善意小舉動的例子比比皆是。最近我在舊金山市區使用Uber叫車，上車後發現他們的服務更貼心了。司機在車上擺放好幾個色彩繽紛的糖果罐，讓乘客自由取用。這不過是件小事，但卻讓我感覺有如世界上最重要的客戶。最後我給他五顆星的評價。Tumblr的服務團隊則充分展現趣味和使用者至上的經營風格：他們使用簡單易懂的英文和口語文字，不時加點幽默的笑點，閱讀上輕鬆又有趣。很少有人細讀服務條款，Tumblr大可不必自找麻煩，但他們還是做了，只因為他們在乎所有細節。Google為人樂道的特色之一，是刻意把首頁的文字減到最少（最近我只看到十六個英文單字，主要出現在標頭和頁尾），藉此尊重使用者寶貴的時間，避免干擾他們搜尋資料，因為這才是他們來到Google網頁的目的。而且，Google還會在特殊日子更換不同主題的「塗鴉」，例如影集《超時空博士》上映五十週年或《科學怪人》作者瑪麗‧雪萊的生日，讓使用者發出會心微笑。

這明顯違背過去一個世紀主宰商業界的習慣。現在貼心的公司不再只想到自己，而是會像艾森伯格一樣思考：「我要怎麼讓目標顧客綻放笑容，而不是和他們正面衝突？」

如果我能許個願，我希望每個企業都能效法NextJump.

com曼哈頓辦公室牆上所寫的那樣：「我們的任務：做好所有小事，讓人們可以放膽去完成他們想要實現的大事。」不論是免費刺青貼紙、「關於我們」頁面和發票、簡單易懂的服務條款，還是使人微笑的標誌都是小筆投資，尤其和吸引顧客所耗費的廣告成本相比之下，這些付出根本微不足道。但這些善意小舉動不僅能帶來巨大獲利，更能幫助新公司在短時間內獲取顧客信賴，攀上事業高峰。如同格蘭特所說，付出越多就越成功。的確，微小的善意不只讓世界更美好，對企業也好處多多。

申恩・史諾

科技公司Contently（www. contently.com）的創意總監，同時也是科技記者，他的文章可見於Wired網站、快公司（Fast Company）、《紐約客》等媒體。獲時尚雜誌《Details》評為「數位世界的顛覆者」，也入選《富比士》的「三十位三十歲以下媒體創新人士」。著有《聰明捷徑：打破成規，利用九大模式，快速獲致超凡成就》一書。

→ www.shanesnow.com

關鍵重點

—

服務顧客

‧ 培養說故事的本領

一開始先塑造品牌故事。接著，利用社交網站分享你的想法、面臨的挑戰和最終成果，邀請顧客進入你的故事。

‧ 拉長戰線

盡早認識顧客（以及他們覺得困擾的問題），即使需要因應時勢而採取短期措施，也要在所不惜。顧客體驗必須先做到完美，事業才有擴大經營的條件。

‧ 大方貢獻專業

將互惠納入企業策略。盡可能向社群免費分享部分專業能力、內容或產品。

‧ 營造雙向對話

切勿企圖控制坊間對品牌的看法。提供讓人讚不絕口的服務，以正面的方法影響顧客對品牌的觀感。

‧ 不斷精進程序，創造令顧客驚豔的體驗

精心設計所有大小環節，讓顧客在使用你所提供的服務時，能對服務越來越有信心。

‧ 以細節創造愉悅體驗

別忘了創造樂趣，並在品牌體驗中加入「微小的善意」。顧客會注意到這些小地方，所有細節都是讓顧客開心的大好機會。

—

CHAPTER FOUR

領導
團隊

—

如何承擔領導重任、
協助團隊上軌道、激盪出更棒的事。

現今，各種倡議計畫和創新備受重視，許多人認為領導就是告訴他人怎麼做，其實正好相反。領導者的真正職責，在於幫助身邊所有人以更好的方法完成工作。

拋棄「我最懂」的態度，提供團隊需要的人員和資訊，放手讓他們承擔責任、獨立作業。

當然，光說不練很容易，尤其創意人喜歡將「領導」視為其他人的職責。為了呼籲擁有創作（而非管理）思維的人加入我們的行列，本章會先探討為何管理是一種難能可貴的能力，值得用心培養，並說明在這瞬息萬變的時代，為什麼創意人特別適合擔任領導者的角色。

接著，我們會深入發掘卓越領導的基本條件：如何全力提升透明度，推動更和諧的分工合作；如何確定所有人充分溝通，攜手邁向目標；以及如何培養團隊成員視職務為己任的態度，使其對工作深感驕傲。

每個成功企業都需要一位掌舵手，操控船隻航行的方向。所以，若你真心希望發揮影響力，現在是擁抱新觀念的時候了。

揮別
「不情願管理者症候群」

—

瑞奇‧阿姆斯壯（Rich Armstrong）

近年來，管理者的角色飽受攻擊，這並非毫無理由。從漫畫《呆伯特》到電影《上班一條蟲》，我們對於管理者的形象通常心領神會：一無是處、城府極深的交際咖，整天出自善意為企業組織設想，但結果往往適得其反。他握有生殺大權，但實際的存在價值不高，只會替別人的生活帶來災難，而且一心只想握有更多權力。

但我相信，呆伯特的尖髮老闆和比爾‧藍伯（《上班一條蟲》中的副總）都不是企業界的自然現象。準確來

說，公司不想正視管理的重要性，這類人物才有機會崛起，這代表企業組織太過在意眼前要做的事，但不夠注重做事的方式。

在新創公司中，這種對於管理的態度通常形成一種默契：我們做不來，乾脆不要做好了。

換個角度想，管理其實就是專心發揮核心能力，這對新創公司而言是珍貴且必要的優勢。不過，金爵曼美食坊（Zingerman）共同創辦人，也是我相當崇拜的商業思想家阿里・維恩茲威格（Ari Weinzweig）曾說：

> 不管你有什麼優勢，優勢也可能直接導致你的弱點，一體兩面。

定義上，優秀的新創公司理當精通特定幾樣產品、擅長外包，以及將問題抽象化。怪不得面對管理這個棘手的大工程時，他們總是忍不住思考：「我們要怎麼迴避這個難題？」若是Linux伺服器或精緻的午餐菜色，這麼做或許無傷大雅，不過只要談及領導，事情就非同小可了。

為什麼？因為對領導抱持輕蔑的態度，正是注定我們淪為劣等管理者的真正原因。你將領導機會拒於門外，等於創造一個權力真空的環境，促使他人接下管理的角色，有時候，他們正好就是你極力排斥的人物。不僅如此，你等於也自願把團隊的福祉和工作效能交給命運安排。

為什麼應該注重管理？

幾年前到恰克‧紐曼（Chuck Newman）家中作客，我突然領略卓越管理的目的。恰克和我們家的交情不錯，在我的成長過程中，他就像叔叔一樣親切，不僅如此，他還是盡責好客的主人，長期以來也是企業界和社交圈中的領袖人物。

二〇〇五年聖誕夜的餐桌上，恰克的話改變了我的一生。那時我們彼此寒暄，他突然問起我在Google工作的近況。這家公司當時成長迅速，聘請了許多頂尖人才，但我發現上司或同事大多費盡心機，企圖爬到更高的位子。沒人關心真正做事的同仁，所有人只在乎如何贏過其他人。

恰克問我想不想爭取管理職位。我揮揮手否決了他的想法，告訴他管理者沒有實質用處，我寧願專心做點重要的事。要知道，跟我講話的這個人在管理領域的成就斐然，我那天享用的烤肋排和紅酒都要拜他的專業所賜。但恰克的反應完全展現了好修養。「真的嗎？」他說。「我好驚訝。」接著，他說了改變我人生的一段話：

> 我始終覺得，職場上最困難、最珍貴的事情是讓一群聰明人分工合作，為共同的目標努力。

我大感震驚。一聽到恰克把管理形容成困難又珍貴的工作，我開始對管理改觀。這就好像跟工程師說Haskell這種程式語言很艱澀，跟遊戲玩家說《矮人要塞》很難破關，或是跟運動員說混合健身訓練很難完成。聽了他的這番話，我始終無法釋懷。

這個想法陪我度過在Google的剩餘時光，可惜的是，公司大多從外部聘人接掌管理職位，於是我開始向外尋找其他機會。最後，我在軟體公司Fog Creek找到設立客服團隊的工作。這家公司的理念引起我的共鳴。我開始著手籌組一支團隊，從頭做起，親自招募及訓練一個又一個人才。當初我會加入Fog Creek是因為我想幫助他人（例如我們的客戶），而隨著團隊不斷擴編，最後業務、行銷和產品開發等人數成長到三十幾個，這份工作在我心中的定位依然還是幫助他人。

當個服務型領導者，切忌急功近利

管理的過程中，我領悟到領導非關權力、掌控或位階高低，服務精神才是精髓。如果你希望員工展現熱情，在工作上能有傑出表現，你的所作所為必須以「服務型領導」為根基。這是經營事業的唯一正道。

克雷頓・克里斯汀生（Clayton Christensen）在《你要如何衡量你的人生？》一書中的闡釋最為真切：

> 我曾覺得，如果你真心關懷周遭的人，你需要研究社會學之類的學問……後來我的心得是，如果你想幫助其他人，不如當個管理者。要是做得好，管理會是最崇高的職業。

我沒有非要當上管理者不可，於是我轉往莎拉勞倫斯學院（Sarah Lawrence College）進修，成為小說家。在軟體開發領域中，我幾乎做過所有職位，包括寫程式（雖然大概不太適合）。只是，這所有工作再怎麼新鮮有趣，終究還是欠缺直接幫助他人的核心特質。我指的是特定的人，並非泛指全人類，也不是被褫奪公權的那群人，而是近在眼前、我能理解的個體。對我來說，這是截至目前為止唯一收穫大於付出的工作，因此才能持續下去。

我所從事的科技業中，領導者主動辭職是很稀鬆平常的事。許多分析類主管厭惡龐雜的工作內容和職責中的灰色地帶，早就覺得無法適應。在我較年輕的時候，我也有過相同的感受。

在管理者眼中，管理不是一件討喜的工作，至少初期會這麼覺得。但幾乎所有地方都需要管理的智慧和善意，尤其欠缺優秀領導人才、領導淪為個人魅力的較量，或是權力

遊戲大行其道的地方更是需要。

那尖頭髮的老闆和比爾‧藍伯這類人物該怎麼解釋？如果你不認真看待管理，未以健康的角度加以質疑，他們就會出現在你的生活中。一旦你的上司急功近利，自然就會培養出這類管理者。在他們眼中，扁平的組織形同路邊的百元美鈔。對於極富魅力、憤世嫉俗的人，或是善於計畫的傳統管理者來說，欠缺服務型傑出領導者的組織就像麥田之於蝗蟲。簡而言之，好的管理文化是預防職場王八蛋的免疫系統。

如果在意他人眼光而拱手讓出領導的責任，等於每天餵養管理上的害蟲，而且效果相當顯著。我的意思不是要你衝進老闆的辦公室，命令他馬上把你晉升到管理階層，這當然行不通。

不過，當好人開始逐漸懂得服務型領導的要義，美好的事情就會發生。周圍的人會鬆一口氣，心想終於有人願意接下挑戰！

所以，放手去做吧。盡力學習，開始擁抱成為管理者的想法。這是我們需要的風氣，你就是我們需要的人。

瑞奇‧阿姆斯壯

以身為Fog Creek軟體公司的總經理為榮，也創造出FogBugz、Kiln與Trello等線上工具。

→ 立即上Twitter關注他：richarmstrong

領導不是一種
職位，而是一
種選擇。

—— 賽門·西奈克（SIMON SINEK）

讓透明化成為公司文化
不可或缺的一部分

—

喬伊．加思科因（*Joel Gascoigne*）

       截至二○一四年為止，共有1,320,813名使用者註冊我們的產品，其中129,855位每個月頻繁使用；當年一月，我們的營收為325,000美元。我的薪水是163,000美元。若不重複計算，我們的部落格上個月吸引了654,126人造訪，而我們回覆了9,771封客服電子信件。我們存在銀行的資金還有361,000美元，自從二○一一年十二月募集450,000美元的種子資金（並放棄了14%的公司股份）以來，目前我們尚不打算籌募更多資金。我的團隊共有十八名成員，他

們全都清楚上述所有資料，而這些數據也已公諸於世。

在我的公司Buffer中，我們秉持「一律透明化」的原則處理一切事務，換句話說，每一件事我們都會問「為什麼不用開放的方法處理呢？」團隊內部會彼此分享薪資和持股數目，團隊成員之間寄送的所有電子信件都會轉寄副本到所有人的信箱，公司全體人員只要按幾下滑鼠，就能看見全部對話和討論內容。甚至於行銷和新聞媒體方面的外部信件也會以密件副本的方式轉寄，讓整個團隊清楚知道公司的處理方式。

假如我和投資人開會，整個團隊也會收到消息。我們有個共用的Dropbox資料夾，所有種子投資文件和其他相關資訊都放在裡面。只要有人對我們的服務感興趣，團隊任何人都可以自由透露客戶支援、行銷、產品開發或公司願景、目標和最新績效等細節。使用者時常因為Buffer的開放作風而受到吸引，加上我們大方分享許多過程和動機，因此才能吸引並順利聘到能夠融入公司文化的員工。

透明化是一種催化劑

透明化是很有趣的事，因為要是你選擇隱藏資訊，有

些很棒的好處將永遠享受不到。重點是，這些好處往往就是創新與合作過程中最缺不得的元素，堪稱二十一世紀企業的血脈。

1.透明化孕育信任感，信任感是團隊合作成功的基石。 我相信，推動企業透明化最重要、最有力的理由就是提升人與人之間的信任。假設公司來了一名新員工，他極盡所能地爭取更高的薪資；另一名未積極爭取的同仁在午餐閒聊中得知這件事，很快就會心生嫉妒。這種職場政治容易蒙蔽人的理智，使團隊的生產力一落千丈。保密個人薪酬、公司營收和獲利等資訊，員工之間很難相互信任；但如果一切資訊公開透明，表示公司深思熟慮，公正不偏頗，因此團隊才會專注於共同的目標，認真工作。

2.共享資訊是創新的必要條件。 假如我們都是管理者和領導者，必定希望團隊能夠自動自發地朝目標努力。我們期望員工在聽了想法之後，照我們的方式將概念化為實際的成果，甚至超越期望。然而，大部分公司的預設立場都是將決策最重要的資訊視為機密。曾在PayPal、LinkedIn與Square等知名企業擔任管理要職的資深企業家基斯·拉波伊斯（Keith Rabois）認為，若要員工做出明智決策，必須提供完整的脈絡和所有能夠取得的資訊。簡言之，沒有你手上

的所有資訊，員工不可能做出與你相同的決策。

3.**透明公開的作風可促進忠誠度。**透明化帶來的好處也能延伸至你的顧客、使用者、讀者、觀眾和潛在客戶。一旦你開始分享企業的細節資訊和決策過程，等於讓自己更為親民。如果你除了成就之外也分享失敗經驗，人們會知道你為了讓顧客滿意而竭盡心力。長期下來，信任和忠誠便會逐漸建立起來。你會擁有「靠山」，而且這些人不但不太可能變成競爭者，反而會成為有力的支持者和朋友，為你找到新的顧客。

4.**透明化可造就公平環境和責任心。**在團隊中公開分享薪資，可明確傳達你捍衛公平的決心。美國食品超市Whole Foods Markets的共同創辦人暨執行長約翰・麥凱（John Mackey）解釋，由於公司公布薪資的緣故，內部「任何偏心或偏袒的現象都會昭然若揭」，進而使薪資結構達到「更全面的公平」。反觀Buffer，我們以此為基礎，根據職責、資歷、上班地點和職階訂定薪資公式。我們相信，在弭平薪資不平等上，我們已經成功跨出一大步。

5.**透明化可讓你獲得寶貴的回報。**決心經營公開透明的文化並不容易，但只要按部就班，還是可以實現這個理想，

而隨之而來的好處通常令人嘆為觀止。落實透明化的過程中，極其困難的一點在於即使知道他人在得知後可能大肆批評，仍然義無反顧地分享決策背後的「原因」。將一切公諸於世或許很可怕，但同時也能獲得巨大回報。團隊成員會審慎評估想法的可行性，協助你改善企業的所有面向。此外，你也會因此遵循更高的標準，因為你知道，你的所有作為與細節都將攤在陽光下受人檢視。

如何跨出第一步

長久以來，Buffer始終致力於推動透明化，以現有的成果為基礎持續努力。或許不是每個職場環境都適合像我們一樣全力落實透明化的理想，但你還是可以利用幾種簡單的做法稍加實驗：

- **向全公司分享部分電子信件的內容**。公司團隊內部可能利用電子郵件討論事情，信件數量不少。試著請員工在撰寫電子信件時，一併寄送副本到整個團隊都能存取的信箱。這個方法其實是我們從成功的網路與行動支付公司Stripe那裡學到的。如此簡單的改變，可能會對團隊的向心力、溝通和信任感帶來深遠的影響。
- **製作內部月報或季報，對外公開**。以行銷月報為例，

要把報告原封不動地完全公開或許有點恐怖（裡面可能含有訪客人數，或是行銷企畫實際上吸引了多少顧客買單等成效數據），因此不妨先嘗試從報告中擷取少許資訊，放入日後產生的相關內容中，藉此測試你對透明化的實際感受。你會很驚訝地發現，顧客和其他部門的團隊成員會對你做的決策大感興趣。若想從我們的做法中獲取靈感，歡迎瀏覽網站open.bufferapp.com。

- **與所有人分享會議紀錄和簡報**。在傑克·多西（Jack Dorsey）的公司Square中，每場超過兩名員工的會議都必須記錄，並與公司內其他六百多名同仁分享。一個很簡單的方法，是可以先在公司中公開特定類型的會議紀錄。這能讓會議更聚焦於真正的工作和執行事項，意味著全公司都清楚新的進展，並能適時提出建議。

大家時常問我，如果時間倒轉，會不會希望改變透明化政策的某些方面。我唯一的想法是希望能更早實行透明化。一旦為了落實透明化而開始調整公司方針，你會隨即從員工和顧客的反應發現公開透明的價值。令人驚訝的是，你還會獲得解脫般的輕鬆感受。

喬伊・加思科因

最簡單而強大的社交媒體工具Buffer創辦人兼執行長。他的寫作、演講和Twitter推文時常討論透明化、公司文化和顧客幸福感等主題。他的Twitter帳號是：joelgascoigne。

→ www.joel.is

決定你想支持的價值，然後畢生挺身捍衛。

Q&A:

從創作者的觀點
重新定義領導

—

與談人：前田約翰（John Maeda）

前田約翰擁有設計、電腦科學和商學領域的學位，他的教育背景似乎量身打造，讓他在創業浪潮中位居主導地位。此外，再加上麻省理工學院媒體實驗室十三年的研究負責人資歷、羅德島設計學院院長的六年歷練，以及目前擔任知名創投公司的設計顧問，要說他對各行各業的創意風險多所涉獵，熟悉業界合作和領導的門道一點也不為過。我們特地訪問前田先生，請他談談為何有些創意人不喜歡領導，以及為什麼他們其實相當適合這個工作。

Q：對許多創意人來說，從創作者變成領導者是項艱鉅的挑戰，你覺得其中的原因何在？

A：動手製作的時候，等於從無到有。你需要拋光、切割、摺疊……從頭到尾必須事必躬親。但領導需要講很多話、大量溝通，不是單靠雙手完成。如果你是必須動手做的創意人，馬上會在動嘴巴的協商者和動手的創作者之間畫出一條界線。創作者通常瞧不起那些只出一張嘴的人。領導者就是這種人。你不信任他們，現在你卻變成了他們（笑）。一開始，你認為自己不能再靠雙手完成任何事情，但其實你可以。你要建立關係，每次和不同人搏感情。這和你熟悉的創作過程一樣，勢必投入莫大的精力才行。

Q：你覺得創作者會產生這種身分上的掙扎，是不是因為領導者必須犧牲對產品的直接所有權？

A：我不認為是所有權的問題。重點在於誠信，以及你對不同角色的詮釋。如果我是創作者，而你不是，我會感覺比你優越，因為我有誠信，你沒有。你只出一張嘴。所以，

重點是你必須重新界定「創作者」的角色。你不能再把髒手或汙損的衣服視為歸屬感的象徵。身為領導者，你必須獨自工作，但滿足整體需求也是你的責任。這裡所謂的整體就是產品。你是推動產品的人，你理當擁有所有權。產品好壞決定你的成敗。

Q：商業領導上，這種不厭其煩強調誠信的特質有沒有什麼優點？

A：我認為追求誠信是件好事，因為這其實無關利益，品質才是我們唯一在意的核心。企業需要非常清楚的經營方向才能成功，光想賺錢是不夠的。創意人的動力來自熱情、誠信，以及對品質的堅持，所以他們知道怎麼在產品上傾注所有心力，他們了解這種全力付出的感覺。這是相當重要的優點，尤其這個時代更明顯。以前，你可能會因為產品採用尖端技術而掏錢買單，設計不是很重要。但現在情況不同了。

Q：我知道很多創辦人在擔任管理職後備感挫折，因為他們較少機會參與每天的創作過

程。工作重心轉變時，你也有這種感覺嗎？

A：我想我大概不懂這種浪漫情懷吧。不過，我的確認識不少這樣的人。他們親手創立了企業，不再親自動手做事之後，日子反而過得不太開心。

真正的創意領導者大抵認同，他們要和團隊共生死、同進退。舉個例子，我記得第一次見到Apple設計副總強納生‧伊夫（Jonathan Ive）時，他對底下的團隊相當自豪。那天我們只談這件事。他一聊起團隊的事，神情就像廣告主打Apple TV鋁質外殼的尺寸精準到微毫米一樣充滿自信，神采奕奕。打造一支傑出的團隊是門學問，創意領導者應該以擁有這項專業為傲。

Q：只要調整看待領導的態度，真的就能全心接納領導工作嗎？

A：創意人對激勵他人很有一套，因此理論上，他們也擅長領導，不過他們通常想要創作。我在二〇〇八年開始擔任羅德島設計學院院長後，很多人看到我就說：「現在不能搞藝術，你一定很難過。你好可憐……」諸如此類。我總是回答說，我只不過在「做」不同的事情罷了。

目前我加入推廣「STEAM行動」的團隊，與其他人一起將藝術和設計融入美國教育和創新的核心。我也嘗試在矽谷結合設計和科技，讓更多人看見兩者合一的影響力。從這些事情來看，我還是在「做」，只是做的事情不同而已。我和別人共同組織社群，從中得到很多收穫，這和我在電腦上邊做邊學，其實並無二致。

差異在於現在時間拉長了，而且延長不少。當設計師時，你可能很快就能看見成果，相形之下，現在大概無法立刻獲得滿意的成效。幸好搞藝術的人很習慣延遲享樂。我把現在的工作視為一種新的藝術。

Q：由於學校課程普遍不教，你認為創意人會因此產生「領導力好像比較不重要」的態度嗎？或是因為從來沒人告訴我們，領導力其實很重要、很有價值，我們因此忽略了這門專業？

A：領導能力很容易受到忽視，彷彿有沒有都無所謂，但我突然意識到每個領域都有代表人物。談到設計，你會想到保羅‧蘭德（Paul Rand）；講到企業，你會想到彼得‧杜拉克（Peter Drucker）；聊到科技，你會想到安迪‧葛洛

夫（Andy Grove）或賈伯斯；說到領導，你也會想到幾位大師，例如《新領導力》與《自我更新》等書作者約翰‧葛登納（John Gardner）或馬修‧甘茲（Marshall Ganz），他在個人經驗敘述（personal narratives）方面的教學給了我很多啟發。我時常開書單給想要認識「領導學」的人，一旦他們領悟這些人物的貢獻所在，就能明白領導的真實內涵，以及其牽涉的創造力和誠信。

Q：理論上，理想的領導者除了領導之外，似乎也是創造者和管理者。你認為一個人可能兼具所有能力嗎？可能性多高？

A：我不知道可能性多高，但我明白人會成長，以及如何越來越好。在現今的環境中，我認為人會被迫改變。幾十年前，一切比較穩定，我們可以善盡本分就好。但現在世界日新月異、瞬息萬變，令人摸不著頭緒，所以我們需要嘗試新事物。失敗後爬起來，再試一次。如果領導者需要什麼技能，我認為是已故偉人曼德拉（Nelson Mandela）所展現的態度：「不要用我的成功來評價我，用我跌倒又爬起來的次數來評價我。」創意人必定熟悉這種態度，而且比其他人更懂得應對模稜兩可的事。若再結合執行力，也就是真正把事情做好的能力，就算具備了優秀領導者的條件。

前田約翰

美國風險投資基金Kleiner Perkins Caufield & Byers的設計顧問，與KPCB的企業家和投資公司合作，將設計融入公司文化中。他也是eBay設計顧問委員會（Design Advisory Council）主席。他的Twitter帳號是：johnmaeda。

→ www.creativeleadership.com

做得越多，

能力越強。

—— 美國女冒險家　愛蜜莉亞・厄爾哈特
（AMELIA EARHART）

溝通有利提升效率、釐清想法與成就創新

—

威廉‧艾倫（William Allen）

　　政策方向不清楚是耗費企業能量的一大問題。就算你是飛毛腿，只要跑錯方向，便永遠贏不了比賽。好的領導者深知這個道理。如果企業的策略和目標未能清楚傳達，無論是你與團隊的互動，抑或是團隊成員之間的溝通不良，終究還是浪費了最寶貴的資源：時間。

　　但要如何建立有效溝通的企業文化？有鑑於現今的溝通管道蓬勃發展，選擇比以往增加許多，因此若要簡單扼要地回答，就是假設溝通能夠自然改善。只不過，現實時常朝

反向發展。

溝通的兩難

現代企業比以前更扁平，疊床架屋的組織結構較為少見。大部分知識工作者的職務越來越自我導向，這對員工留任率、績效與整體幸福感都是重要因素。另外，內部團隊的變遷速度飛快，從建立、重組到解散，歷時通常不長，面對不可預知的未來，這是無可迴避的必要對策。

當然這是好消息。組織階層消失，快速調整的現象隨之興起，要在瞬息萬變的現代社會中競爭，這些都是不可或缺的必要條件。在扁平化的企業組織中，點子（創新的基本原料）會快速散播，增加了創造嶄新事物的機會，使最終成果更好、更具新意。

然而，採取這種全新工作模式的團隊也面臨了幾個挑戰。團隊組成不斷改變，難免會犧牲掉維持品質和一致性的重要制度認知，工作的連貫性也會受到影響。隨著團隊成員的角色不斷演變，他們勢必需要更多時間、投注更多心力，才能提高工作效率，甚至於真正完成賦予的任務。缺少了以往階層架構之下清晰的營運方向，團隊在面對與整體政策相關的專案時，可能會因此吃點苦頭。

換句話說，即使我們生活在一個溝通與合作方式高度彈性且靈活的時代，領導者必須付出更多努力，才能確保所

有人的步伐一致，朝共同目標邁進。

安排餘裕人力，反覆講述觀點

千萬別以為團隊每天都清楚決策所代表的後續任務。先入為主地假設（而不是主動告知），等於他們需要花更多時間猜測應做的工作，而不是直接著手執行。為了確保你能同時傳達宏觀的願景和日常決策背後的理由，以下提供幾種你能運用的技巧：

- **找個同仁每天陪同你開會（每場會議不一定要同一個人）**。授權這名同仁將重大決策轉告團隊的其他成員，讓所有人了解決策對企業方向的影響。
- **重複講述你的想法。**你可能很多時候需要和不同人談話。雖然重複講一樣的事情可能感覺枯燥無趣，但這是傳達訊息的必要手段。記住：即使相同的事一天講了好幾次，但每個和你共事的人最多只會聽一次。
- **極力落實公開透明原則。**許多領導者發現團隊早已聽說某些事情時（雖然細節仍不明朗），總是大感驚訝。舉凡有關新的大客戶、資遣、獎金或任何重要決策的謠言，都會在細節浮上檯面之前就迅速傳開。盡可能提早建立透明化的環境就能先發制人，避免這一切發生。

給團隊溝通的工具

即使照上述建議做了努力，領導階層對外的溝通還是有其限制。確保團隊成員之間養成有效溝通的習慣，這點也同樣重要。幾點建議如下：

舉辦聚焦式的TED會議。以彼罕思本身為例，我們時常舉辦內部「搶先看」，由負責專案的小團隊向大家展示正在執行的工作，並解釋這與企業目標之間的關連。這種論壇可鼓勵個別團隊擔任領導的角色，除了讓他們有機會展現專業，也幫助所有人更深入了解其職責在整體策略中的定位。

舉行「全體同仁」會議。固定集會，定期釐清每個人負責的工作以及對他人的影響，這很重要。試著每週召開一次全體會議，讓每支團隊快速簡報近期即將登場的重要活動。最久十五分鐘，站著開會即可（也就是全程沒人需要坐著），較深入的一對一討論留待會後私下進行。這麼做的目的是發掘團隊間新的依存關係，除了能迅速掌握一切狀況，也能協助你加快腳步朝目標邁進。

記錄每個人手邊的工作，加以公開。彼罕思工程團隊

說服我們開始使用群組聊天程式（像我們是用Slack），而這之後便成了每天的必備工具。整個團隊不需在同一時間集合在相同空間，就能擁有公開的互動紀錄，需要深入討論的話還能私下傳訊交談，這是我們目前找到最棒的方法，能讓所有人隨時掌握工作進展。

善用科技，但不強迫使用。整合、混用能為你帶來最大效益的科技和工具，不管是專案管理應用程式、群組傳訊軟體，甚至是普遍的便條紙和白板，都不失為好方法。不過，避免硬性要求團隊使用特定工具，廣泛被使用比某個特定的功能更重要。與其強迫眾人接受「最好的」解決方案，不如找個可以自然而然吸引團隊的方式。

優先選擇面對面交談，而不是寄電子郵件。我們都太倚賴書面溝通，或許應該說，我們太愛在應該做重要決定的時候拖拖拉拉。面對面交談幾分鐘，時常能省去好幾天的電子信件往來。我的同事查克和傑奇發明「FaceMail」的說法，推廣起身走到同事桌前交談這種老掉牙的做法。有時候，最古老的方法還是最好用。

利用實體空間鼓勵新鮮的對話。開放式辦公室的優點還是未定之論，尤其是否值得為了生產力斥資打造，目前

仍眾說紛紜。但有件事可以肯定：越靠近的人通常互動越頻繁。不妨運用這個事實，一年調動幾次座位。將設計師搬到離行銷部較近的位置，讓業務人員坐在工程師旁邊。很多時候，他們會因為偶然的機緣而開啟私下溝通、交流想法的契機，不妨好好利用這點。

失效就馬上停止。如果持續做一件事的理由單純只是出於習慣，這種陋習簡直糟透了。當一套體制或程序開始出現衰弱的跡象，就該適時回歸其原本設計用來解決的問題，仔細檢視該問題仍否存在。如果問題不復存在，馬上廢止程序；若還在，則重新調整程序，使其重新發揮功用。

我們的工作方式一直在改變，也帶來了一些好處：工作更有意義、合作更緊密、創新速度更快。但如果你和團隊的認知不一致，這些優點都是白費。只要克服溝通的兩難，就能領先其他人一步。

威廉・艾倫

彼罕思的資深主管,在Adobe收購彼罕思之前擔任營運長一職。
在這之前,他曾任職TED,負責與全球品牌建立策略合作關係,
也共同創立了顧問公司Industry Digital Media。

→ 立即上Twitter關注他:williamallen

只有真心
想要改變世界的人
才能改變世界。

—— 美國部落客　休・麥克李奧（HUGH MACLEOD）

打造全是領導者的團隊，
而非一味要求服從

—

大衛・馬凱特（David Marquet）

　　回顧人類的偉大事蹟，我突然意識到兩個共通的特質。首先，這些行為都是爲了服務他人，不是只爲自己著想。消防員進入失火的大樓、服務生幫助用餐客人躲過恐怖分子的掃射行動，或救生艇船長選擇回到沉船地點救人，這些偉大的善行都是爲了別人。

　　第二個特質，是這些事蹟都是自動自發的行爲。你無法命令別人去做類似的事，刻意締造所謂的偉大功績。由於這個緣故，這類善舉通常純屬意外，不能預期，也無法完

全仰賴以達到特定目的。如果我們之中有人做了一件偉大的事，我們只能抱著崇敬的態度觀望，任其自然發展。

我相信所有人類都有做出偉大事蹟的潛能，我稱之為內心的超級英雄魂。可惜的是，恐懼、威脅、欺騙和裝腔作勢抑制了人們發揮潛能的欲望。這是職場的普遍現象，百分之七十的上班族對工作毫無共鳴，只求不犯錯，平順度過每一天。這種避免犯錯、不求做大事的扭曲思維，讓人們傾向被動、不作為、不滿足與情感脫離。

但是，如果能設法鼓勵多點偉大舉動，不是很棒嗎？不是強迫貢獻，而是創造一個讓人覺得可以發揮英雄情懷的環境，進而做出偉大的事。

我覺得這是有可能的。

創造信任的環境

人類行為是本能（暫且稱為個性）和環境推力結合下的產物。我們通常過於重視個性，低估環境的重要。在不健康的環境中，所有人都可能為惡；在正面的環境中，所有人都可能行善。既然個性無法改變，領導者的工作便是創造理想的環境。

什麼環境才算理想？要先讓人產生信任、安全感和緊密的聯繫。這裡所謂的信任大概和你想的不太一樣。信任並非認同管理者永遠正確或知道得最多，而是意識到我們在

同一條船上，你做的決定必須產生最好的結果，裨益所有人。換個角度說，如果你告訴我，我的背後有隻粉紅色大象，我就相信你確定我的背後真的有隻粉紅色大象。我的身後有沒有大象不是信任問題，而是關乎真實世界的情況。

由於偉大的行為無法在命令或強制下達成，因此命令和給予明確指示的程度都有可能抑制這類行為的萌發機率。最重要的領導目標，是營造以信任為本的環境，使人成功承擔責任、制定決策及採取行動。我曾經以為，領導不外乎就是管理者做出重要決策、發布重大命令，但實則不然。

這要提到那個故事。

為何命令他人行不通

我對美國海軍核子動力潛艦聖塔菲號副指揮官下達命令：「做好下潛的所有準備。」語氣英勇而篤定。「報告是，做好下潛的所有準備。」他確認命令，離開現場，預備對屬下發布後續命令，以順利啟航。幾小時後，我命令工程師啟動反應爐。所有準備就緒、潛艦繫上拖船後，我指示甲板指揮士下達潛艦的航行路線、速度和深度，以利下潛。潛水艇駛離碼頭，從珍珠港的主航道朝太平洋駛去。「下潛！」船身隨即沉到水面下。「加速前進！」聖塔菲號在深海中向前推進。全體組員太熱切想要取悅新指揮官，這正是

問題所在。

那是一九九九年一月，我剛接任核潛艦聖塔菲號的指揮官職位。這是意外的職務調動。在那之前一整年，我全心準備接掌另一艘潛水艇，型號比較舊，但聖塔菲號的原指揮官突然離職，我只好臨危受命。

想到要接掌聖塔菲號，我自詡當個適度授權給下屬的領導者，但潛艦上的狀況不佳，組員只會聽命行事，沒有自動自發的風氣，而且害怕犯錯的思維更癱瘓了大多數決策，導致任務執行上綁手綁腳。船上的人各自為政，不只士氣低落，操作技術上也有問題，有能力的水手幾乎都想退伍。前年還有一百三十五人的團隊，最後只剩三名組員留下，續簽率敬陪末座。士官放棄退休金求去，前一任指揮官辭職。我依照領導力訓練的要領，開始「激勵及授權」船上士兵，維持高水準的專業素養，發揚團隊合作的好處。準備首航時，我對下屬發號司令，依照我知道的方式坐鎮指揮。船上氣氛棒極了，工作效率奇佳。我稱職地扮演領導者的角色（至少我自己這麼覺得），志得意滿地視察船上各個單位，向服從的船員下達指令。

但隔天一切都變了。

我們在演習中刻意關掉核子反應爐，測試船員尋找及修正問題的能力。坐鎮控制室的甲板指揮士是船上最資深的士官，他應變得宜，一切都在掌控之中。我們將主引擎關閉，改由備用引擎提供動力。備用引擎只能讓船艦低速前

進，而船上的電力不斷下降。在漫長的修復期間，核能技師試圖找出錯誤，我開始覺得一切進展得太順利。我必須做點什麼，不能讓全體組員覺得這個新指揮官太輕鬆！

我在最後時刻才接下聖塔菲號的重責大任，所以職能專長只適合原先預計接掌的船艦，無法滿足目前所需的專業。因此，我做了任何核潛艦指揮官不應該做的事：犯錯。我建議甲板指揮士下令提高備用引擎的速度，這在當時是不可能達成的任務。令人吃驚的是，指揮士竟然立刻照辦，幸好船員未如實執行。那位指揮士事後告訴我，他知道我的建議不可行，但因為「我要求他做」，所以終究還是發出命令。我突然意識到船上團隊受的訓練是要求服從，但我這個指揮官受的訓練並不適合這艘潛艦。如果我們不設法解決這個問題，最後只會引發災難。

利用語言培養擁有感和責任感

我把士官集合在軍官室，討論我們該如何熬過我接下來的三年任期。我們決定翻轉傳統上對領導的認知。與其「全面掌控，要求他人服從」，我寧願選擇「完全授權，培養領導者」。從那時起，我不再下達命令，並允許士官以「我打算……」的方式表達想法，我也會回應「非常好」。比起士官因應事件和行動「要求授權」，以及一味由指揮官下命令的標準做法，我們的互動不太一樣。如此一

來，士官除了比較能將任務視為己任，也必須從指揮官的觀點看待事情。「我打算……」可激發充沛的熱情和進取心。這不僅能立即改善績效表現，事實證明，長期效果也很顯著。聖塔菲號的十名士官後來都順利晉升為潛艦指揮官。

我後來明白，如果你希望他人思考，直接告訴他們怎麼做並不是最好的做法，事實上，這是最糟的方式。

我們發現不少例子中，我們做事的方式不斷透露對方只要依令行事就好，免除了所有責任。結果顯示，如果你對領導的認知奠基於世界上只有兩種人（領導者和服從者）的信念上，只會進一步鞏固你已將他人變成服從者的事實而已。一旦受到服從者應得的對待，很難不出現服從者的行為，熱忱和進取心也因此消磨殆盡。

軍中非常喜歡簡報。透過簡報，長官告訴部屬近期任務與期許。我們覺得這很有用，但只限上對下傳達命令時有效。簡報是報告人主動傳達事務，但其他人只是被動接收；成員只是處於「被簡報」的狀態。換句話說，只要出席，我們就告訴你要做什麼。體認到這個限制後，我們刪去聖塔菲號上所有簡報時段，改以檢核取而代之，由資淺士官和船員向資深軍官報告預備執行的行動。軍官衡量下屬回報內容的深度，判斷團隊是否做好執行任務的準備。檢核和簡報有兩個不同的地方：第一，整支團隊都處於主動狀態，而非被動；第二，這也是做決定的時刻。

在我任職指揮官期間，聖塔菲號的績效表現極優。專業職能獲得充分發揮，決策的重擔不再集中在幾個人身上，船上充斥著對工作的熱忱。短短一年中，幾乎所有作戰指標便從谷底逆勢上揚，名列前茅。雖然從我的觀點來看，下屬需要比以往更努力工作、花更多精力認真思考，但留任率反而一飛沖天。續簽人數從前一年的三人，到最後共有三十三人決定留下，在艦隊中拔得頭籌。不過特別的是，這樣的領導結構更將我們努力中「好的一面」內化至船員和潛艦的操作實務中，在我卸任之後，船上的良好風氣還持續了很長一段時間。唯有在十年之後，我們才能評估當時努力帶來的真正功效：聖塔菲號的作戰表現保持績優，船上軍士官和船員的晉升率高得令人無法置信。這就是下放掌控權力、培養領導人才的後續效應。

我猜你或許會像我一樣，在下放權力的過程中感到不自在。這很正常。我時常無法稱職扮演我為自己塑造的領導者角色。我會相當自責，暗生悶氣，但都無濟於事。心情平復之後，我會重新站起來，一次又一次不斷嘗試。面對挑戰時，你會發現自己的缺陷，陷入痛苦掙扎，然後浴火重生。而你最大的成就，就是幫助身邊的人擁抱他們內心的超級英雄魂。

大衛‧馬凱特

美國海軍核動力潛艦聖塔菲號前指揮官，著有《逆轉航向！》
（*Turn the Ship Around!*）一書。

→ www.davidmarquet.com

關鍵重點

—

領導團隊

· **停止抱怨，開始動手解決問題**

別放棄管理工作，親自站上第一線試試看（也能順便取個更順耳的職稱！）。採取「服務型領導」，自問你能如何協助身邊的人變得更好。

· **保持「創作者」心態**

將創作者的功力和對細節的堅持運用到領導者面臨的挑戰，包括經營關係、籌組團隊及引領產品開發。

· **放下自尊心**

與其「全面掌控」，不如盡量「下放權力」給團隊成員。讓共事的夥伴產生擁有感和責任感，就能激發熱忱和進取心。

· **隨時分享所有資訊**

別害怕公開資訊及不斷重複述說想法。寧可過度溝通，讓團隊朝著正確的方向前進。

· **持續不懈地反覆調整**

定期重新檢視團隊的運作情形，尤其正值快速成長時更應留意。如果程序不再有效，應立即捨去或重新調整。

· **讓一切攤在陽光下**

試著落實透明化，不管是公開會議紀錄、投資人詳細資料，甚至是員工薪水，都是不錯的嘗試。一開始會感覺彆扭不自在，但帶來的效益可能很龐大。

付諸
行動

—

登峰造極前的臨別建言

你，準備好了嗎？

—

賽斯‧高汀（*Seth Godin*）

　　朋友請姪女把桌子另一端的冷水壺遞給她。「不行，姑姑。」三歲的小女孩說。「我的年紀不夠大，還做不來。」

　　「那妳什麼時候才能準備好呢？」朋友問道。

　　小女孩遲疑了一下，說：「大概三十分鐘後就可以了。」

　　要到幾歲，你才會覺得準備好了？

　　永遠沒有準備就緒的一天。不論是重要事情、重大創新，我們永遠都覺得需要更多時間，因為在我們決定採取行動之際，市場總是尚未做好準備。市場還沒準備好，我們也

是。

第一個使用Instagram的人究竟能用來做什麼？當然，這個應用程式推出時，市場尚未水到渠成，除非有其他人可以互相分享照片，否則起不了任何效用。出現可以行駛車輛的道路和加油站前，汽車早已上市。

早在貝爾發明電話之前，社會大眾還不知道怎麼打電話，也尚未意識到這項需求。他原本打算效法水手在海上的問候方式，建議接聽電話時說「阿荷伊」（Ahoy），因為當時還沒有一種社會認同的方法，能讓上流社會人士在未經介紹的情況下與人開始交談。幸好，他的好友愛迪生想出現在普遍使用的「喂」。

我們時常說，想登上卡內基音樂廳的殿堂，唯一途徑就是不斷練習、不斷練習、不斷練習。但練習的另一種說法是做準備。

我的意思不是做好準備，做準備不等於做好準備。做好準備是一種情感上的選擇，決定將某一事物放到現實世界中，像是在說：「你看，我做了這個。」在情感上選擇自我揭露，將作品公諸於世。這個過程產生的兩難處境顯而易見：點子越重要，我們越無法做好準備。

因此，我們才會煩惱世界（或是說市場）是否準備好迎接改革。我們會說，世界還沒做好接納跨種族戀愛、同性婚姻或女性執行長的準備。我們會說，市場還沒準備好接受四百美元的智慧型手機、電子書，或是國產素食冰淇淋。

我們會說，時機還太早。

不管走哪個方向，似乎總是不得其門而入。現在的
市場已被名人霸占。幾週前，《紐約時報》暢銷書前十名
中，有八本出自電視名人或改編成電影。現今的社會風氣
是，如果你想擁有影響力，最好的方法是成名，當然要是你
沒沒無名，代表你還沒做好發揮影響力的準備。還輪不到
你，你還沒準備好。

結論是：每個舉足輕重的點子通常很早就公開上市。
忙著練習和準備的同時，等於和市場失去聯繫，你那足以改
變世界的珍貴想法也就無人知曉。

如果等到萬事俱全，肯定是太遲了。

賽斯．高汀

寫了好幾本書，每一本都暢銷熱賣，目前已翻譯成至少三十五種
語言。他的寫作主題包括後工業社會、想法的傳播、行銷、辭
職、領導，以及最重要的，改變一切事物。

→ www.sethgodin.com

我敢不敢去撼動整個宇宙？

——詩人　艾略特（T. S. ELIOT）

謝辭

—

　　我要對撰稿的傑出智囊團獻上最衷心的感謝：威廉・艾倫、瑞奇・阿姆斯壯、史考特・貝爾斯基、華倫・伯格、西恩・布蘭達、尼爾・布魯門薩爾、克雷格・道頓、詹妮・杜爾奧伊蒂、亞倫・迪格南、安迪・杜恩、喬伊・加思科因、賽斯・高汀、克里斯・古利博、艾蜜莉・海沃德、前田約翰、大衛・馬凱特、提姆・歐萊禮、申恩・史諾、賽巴斯汀・索恩、山下凱斯、卓裘莉。若沒有你們的真知灼見和專業，就不會有這本書。感謝你們付出時間、精力、耐心，與我們大方分享。很榮幸，也很開心能和你們合作。

　　本書的美術設計，要感謝彼罕思的共同創辦人與設計長瑪堤亞斯・柯瑞，他是我最愛的創意合作夥伴，也要感謝才華洋溢的年輕設計師雷溫・布蘭登。漂亮的封面設計與俐落的內頁編排都是他們的傑作，而且多虧他們的絕佳眼光，本系列三本書才能順利呈現在大家面前。非常感謝兩位帶來精采的知識體驗還有這本書，這一切簡直太棒了。

本書籌備期間，99U的執行編輯西恩‧布蘭達始終給予寶貴的意見，要不是他的幫忙，我無法順利做好這本書。西恩除了是稱職的工作夥伴，也是本書引以為傲的傑出作者之一，在我最需要意見的時候，他也適時建議幾位相當適合的撰稿人選。此外，我還要感謝助理編輯莎夏‧范赫芬幫忙擬定出版的公關計畫，並在99U的所有通路中全面執行。

整個過程中，亞馬遜編輯凱蒂‧莎麗布理始終（很有耐心地）提供最有力的支持。非常感謝她發揮編輯專業潤飾書中的所有文章，也適時提出很棒的問題，讓這本書盡善盡美。我也要感謝安娜‧芮葛和寇特妮‧道森，她們在緊湊的出版時程中讓一切臻至完美、有條不紊。感謝亞馬遜整個團隊的熱忱支持，在宣傳本書和99U整套系列叢書上不遺餘力。

最後，我必須好好感謝史考特‧貝爾斯基打造這套系列書時無私的付出，還有最重要的是，感謝他願意放手讓我主導這麼棒（而且有趣）的專案。有機會領導彼罕思的99U及規畫這套書，讓創意界更有力量，這個絕佳機會一直以來（未來也會）不斷地鼓舞我，我深深感激。

——99U總編輯　約瑟琳‧葛雷

編輯簡介

—

　　約瑟琳‧葛雷是99U的總編輯與負責人，帶領99U提供讓點子實現的「遺漏的課程」。她也管理99U網站，該網站曾兩度榮獲威比獎「最佳文化部落格」。她還負責策畫與執行廣受歡迎的99U座談會，邀請獨具遠見的創意人士現場演說，包括傑克‧多西（Jack Dorsey）、貝絲‧康斯塔克（Beth Comstock）、布芮尼‧布朗（Brene Brown）、喬納森‧阿德勒（Jonathan Adler）、施德明（Stefan Sagmeister）、傑德‧阿布拉德（Jad Abumrad）等人。她也是99U系列書《管理你的每一天》《管理你的每個潛能》和本書《影響身邊的每一個人》的編輯。

　　加入彼罕思和99U之前，約瑟琳是線上媒體Flavorpill的全球總編輯，領導開發新的編輯產品。她也為赫曼‧米勒（Herman Miller）、PSFK、Huge Inc.等十餘個品牌與公司提供內容策略與開設網站的諮詢。她熱愛推出以內容為導向、廣受一般人喜愛的產品。

　　→ www.jkglei.com

www.booklife.com.tw　　　　　　reader@mail.eurasian.com.tw

勵志書系　133

影響身邊的每一個人——激發熱情、放手實驗、強化團隊

作　　者／約瑟琳・葛雷（Jocelyn K. Glei）
譯　　者／張簡守展
發 行 人／簡志忠
出 版 者／圓神出版社有限公司
地　　址／台北市南京東路四段50號6樓之1
電　　話／（02）2579-6600・2579-8800・2570-3939
傳　　真／（02）2579-0338・2577-3220・2570-3636
總 編 輯／陳秋月
主　　編／吳靜怡
責任編輯／周奕君
校　　對／周奕君・韓宛庭
美術編輯／李家宜
行銷企畫／吳幸芳・荊晟庭
印務統籌／劉鳳剛・高榮祥
監　　印／高榮祥
排　　版／莊寶鈴
經 銷 商／叩應股份有限公司
郵撥帳號／18707239
法律顧問／圓神出版事業機構法律顧問　蕭雄淋律師
印　　刷／祥峯印刷廠

2016年5月　初版

定價 270 元　　　　ISBN 978-986-133-573-5　　　　版權所有・翻印必究

本書如有缺頁、破損、裝訂錯誤，請寄回本公司調換　　Printed in Taiwan

要是我們從世界上消失，誰會想念我們？為什麼？

這是連鎖超市Trader Joe前總裁道格‧勞奇跟我分享的問題。

他說：「這是每間公司都應該要有的疑問。」

因為這直接點出企業的獨特與珍貴之處，

同時也更清晰定義公司的核心顧客，以及他們為何需要你的原因。

如果你不能確切回答這個問題，表示你必須認真思考一番。

—— 《影響身邊的每一個人》

◆ **很喜歡這本書，很想要分享**

　　圓神書活網線上提供團購優惠，
　　或洽讀者服務部 02-2579-6600。

◆ **美好生活的提案家，期待為您服務**

　　圓神書活網 www.Booklife.com.tw
　　非會員歡迎體驗優惠，會員獨享累計福利！

國家圖書館出版品預行編目資料

影響身邊的每一個人：激發熱情、放手實驗、強化團隊 / 約瑟琳‧葛雷
（Jocelyn K. Glei）著；張簡守展 譯；
-- 初版 -- 臺北市：圓神，2016.05
　　256面；13×18.6公分 --（勵志書系；133）
　　譯自：Make your mark : the creative's guide to building a business with
impact
　　ISBN 978-986-133-573-5（平裝）
　　1.企業管理 2.創意
494.1　　　　　　　　　　　　　　　　　　　　　　105003247